大学计算机基础实践教程

陈如琪　王学伟　于丽芳◎编著

清華大学出版社
北京

内容简介

本书是实践指导书，主要内容包括 Windows 10 基本操作、办公自动化软件 Office 2016 应用及计算机网络基础。

本套教材在内容上注重学生实际操作能力的培养，书中的实验选用典型实例，对每个实验都提供了操作提示，具有较强的系统性和实用性。通过本书的学习，学生能熟练掌握计算机的基本操作。为了方便读者学习，本书配有电子教案，需要者可以到清华大学出版社网站下载。

本书可作为高等院校非计算机专业计算机基础课程教材，也可作为相关读者学习计算机信息技术的参考书。

图书在版编目(CIP)数据

大学计算机基础实践教程/陈如琪，王学伟，于丽芳编著. —北京：清华大学出版社，2024.7
(计算机科学与技术丛书)
ISBN 978-7-302-66335-5

Ⅰ. ①大… Ⅱ. ①陈… ②王… ③于… Ⅲ. ①电子计算机－高等学校－教材 Ⅳ. ①TP3

中国国家版本馆 CIP 数据核字(2024)第 105898 号

责任编辑：曾　珊
封面设计：李召霞
责任校对：刘惠林
责任印制：刘　菲

出版发行：清华大学出版社
　　网　　址：https://www.tup.com.cn，https://www.wqxuetang.com
　　地　　址：北京清华大学学研大厦 A 座　　**邮　　编**：100084
　　社 总 机：010-83470000　　**邮　　购**：010-62786544
　　投稿与读者服务：010-62776969，c-service@tup.tsinghua.edu.cn
　　质量反馈：010-62772015，zhiliang@tup.tsinghua.edu.cn
　　课件下载：https://www.tup.com.cn，010-83470236
印 装 者：北京同文印刷有限责任公司
经　　销：全国新华书店
开　　本：185mm×260mm　　**印　张**：7　　**字　　数**：159 千字
版　　次：2024 年 7 月第 1 版　　**印　　次**：2024 年 7 月第 1 次印刷
印　　数：1～1500
定　　价：32.00 元

产品编号：103040-01

前言
PREFACE

随着计算机信息技术的飞速发展，信息技术不断地运用到人们的工作、学习以及日常生活中。掌握并运用计算机的基本知识，是信息化社会对科技人才的基本要求。

党的二十大报告明确指出，“实施科教兴国战略、人才强国战略、创新驱动发展战略”，计算机信息技术基础是现代大学生必须掌握的计算机专业基础知识，可为学生熟练地使用计算机技术打下基础。计算机信息技术基础已经成为高等院校进行计算机教育的一门必修课程。

根据教育部高等学校计算机基础课程教学指导委员会提出的“计算机基础课程基本要求”的指导意见，立足于推动高等学校计算机基础的教学改革和发展，适应信息社会对专业人才计算机知识的需求，我们组织编写了《大学计算机基础》教材。

根据课程的特点，本套教材的内容分为两部分：第一部分为基本理论，共7章，讲述计算机的相关知识，主要包括计算机的发展与计算机系统的组成、Windows 10 操作系统的基本操作、计算机网络基础、多媒体技术和办公自动化软件 Office 2016 及应用。第二部分为实践指导，共5章，主要包括 Windows 10 操作系统、Word 2016、Excel 2016、PowerPoint 2016 和计算机网络的实践指导。本书为第二部分，是《大学计算机基础》的配套教材。

本套教材通过典型的案例讲解计算机的使用与操作，在书中详细地讲解了每个实验的实现过程，学生按照操作提示，即可完成实验内容，同时提高实际操作能力。

本书由陈如琪、王学伟、于丽芳共同编著，并得到了北京印刷学院计算机科学与技术系全体教师的大力支持，在此深表感谢。

由于作者水平有限，书中难免有不足之处，敬请读者指正。

编　者

2024年6月

目录

CONTENTS

第1章　Windows 10 操作系统实验 ………… 1

1.1　Windows 10 的工作环境与基本操作 ………… 1

1.1.1　实验目的与要求 ………… 1

1.1.2　实验内容 ………… 1

1.1.3　操作提示 ………… 2

1.2　Windows 10 的文件管理和磁盘管理 ………… 12

1.2.1　实验目的与要求 ………… 12

1.2.2　实验内容 ………… 12

1.2.3　操作提示 ………… 13

1.3　Windows 10 控制面板 ………… 19

1.3.1　实验目的与要求 ………… 19

1.3.2　实验内容 ………… 19

1.3.3　操作提示 ………… 19

第2章　Word 2016 文字处理软件实验 ………… 27

2.1　Word 2016 的基本操作与文字排版 ………… 27

2.1.1　实验目的与要求 ………… 27

2.1.2　实验内容 ………… 27

2.1.3　操作提示 ………… 28

2.1.4　样张 ………… 31

2.2　文档的高级排版(图文混排)与打印 ………… 31

2.2.1　实验目的与要求 ………… 31

2.2.2　实验内容 ………… 32

2.2.3　操作提示 ………… 32

2.2.4　样张 ………… 36

2.3　表格和公式的制作 ………… 37

2.3.1 实验目的与要求 …… 37
2.3.2 实验内容 …… 38
2.3.3 操作提示 …… 38
2.3.4 样张 …… 39
2.4 Word 综合测试 …… 40
2.4.1 实验目的 …… 40
2.4.2 实验内容与要求 …… 40
2.4.3 样张 …… 41

第 3 章 Excel 2016 电子表格软件实验 …… 42

3.1 Excel 2016 工作簿、工作表的基本操作 …… 42
3.1.1 实验目的与要求 …… 42
3.1.2 实验内容 …… 42
3.1.3 操作提示 …… 43
3.1.4 样张 …… 46
3.2 Excel 工作表的编辑与格式化 …… 47
3.2.1 实验目的与要求 …… 47
3.2.2 实验内容 …… 47
3.2.3 操作提示 …… 48
3.2.4 样张 …… 53
3.3 公式、函数、图表及数据操作 …… 55
3.3.1 实验目的与要求 …… 55
3.3.2 实验内容 …… 55
3.3.3 操作提示 …… 55
3.3.4 样张 …… 63
3.4 Excel 综合测试 …… 68
3.4.1 实验目的与要求 …… 68
3.4.2 实验内容 …… 68
3.4.3 样张 …… 69

第 4 章 PowerPoint 2016 软件实验 …… 73

4.1 简单演示文稿的制作 …… 73
4.1.1 实验目的与要求 …… 73
4.1.2 实验内容 …… 73

4.1.3　操作提示 …… 74
4.2　演示文稿的处理与美化 …… 76
4.2.1　实验目的与要求 …… 76
4.2.2　实验内容 …… 76
4.2.3　操作提示 …… 77
4.2.4　样张 …… 83
4.3　演示文稿的放映管理与打印 …… 83
4.3.1　实验目的与要求 …… 83
4.3.2　实验内容 …… 84
4.3.3　操作提示 …… 85
4.3.4　样张 …… 90
4.4　PowerPoint 综合测试 …… 91
4.4.1　实验目的与要求 …… 91
4.4.2　实验内容 …… 91
4.4.3　样张(数据自拟) …… 92

第5章　计算机网络基础实验 …… 94

5.1　网络基础实验 …… 94
5.1.1　实验目的与要求 …… 94
5.1.2　实验内容 …… 94
5.1.3　操作提示 …… 94
5.2　Internet 应用 …… 97
5.2.1　实验目的与要求 …… 97
5.2.2　实验内容 …… 98
5.2.3　操作提示 …… 98

参考文献 …… 101

第1章 Windows 10操作系统实验

CHAPTER 1

1.1 Windows 10的工作环境与基本操作

1.1.1 实验目的与要求

（1）掌握 Windows 10 的基本操作。

（2）熟悉 Windows 10 操作系统的桌面。

（3）熟悉 Windows 10 的“开始”菜单和“任务栏”的操作。

1.1.2 实验内容

1. Windows 10 的启动

（1）打开计算机并选择进入 Windows 10 操作系统。

（2）熟悉 Windows 10 操作系统桌面的组成。

（3）重新启动计算机。

2. 熟悉鼠标的基本操作

（1）使用“开始”菜单启动“画图”程序。

（2）通过查看“计算机”的属性查看所使用计算机的系统信息。

（3）打开“回收站”，选择其中的部分文件并删除。

3. 向 Windows 10 桌面添加元素

（1）将“时钟”“日历”等小工具放置到桌面上。

（2）在桌面上添加“网络”图标。

（3）在桌面上创建“资源管理器”的快捷方式。

4. 使用 Windows 10 的“任务栏”

将“任务栏”外观设置为“锁定任务栏”和“自动隐藏任务栏”。

1.1.3 操作提示

1. Windows 10 的启动、注销、关闭和重新启动计算机的方法

方法 1：单击“开始”菜单，在弹出的对话框中选中并单击“电源”，再在弹出的对话框中选择“关机”或者“重启”；

方法 2：右击“开始”菜单，选择“关机”或者“注销”，然后单击“关机”或者“重启”；

方法 3：在 Windows 10 桌面显示的状态下，按下 Alt＋F4 键，然后选择“关机”或者“重启”。

当出现死机或其他无法关机的现象时，只要持续地按主机上的电源开关按钮几秒钟，片刻后主机会关闭，然后关闭显示器的电源开关。

2. 鼠标的基本操作

（1）单击“开始”菜单，启动“画图”程序。

方法 1：在“开始”菜单默认列表中打开“画图”。

方法 2：依次选中“开始”菜单→“Windows 附件”→“画图”，如图 1-1 所示。

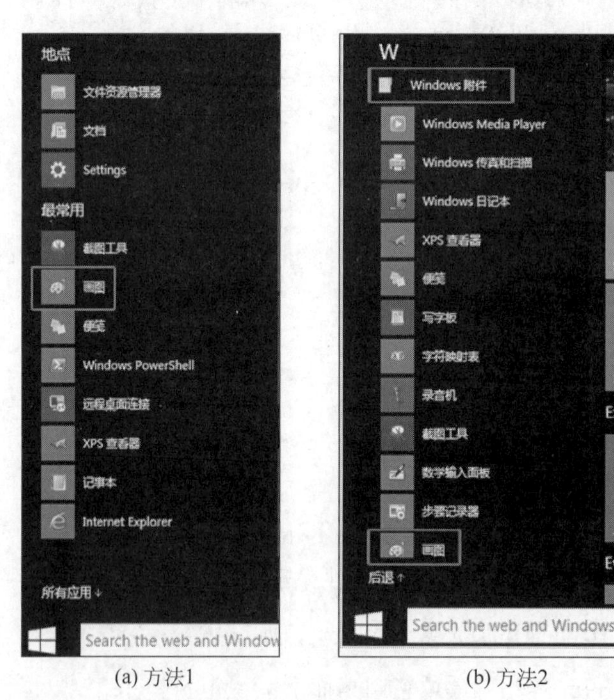

(a) 方法1　　(b) 方法2

图 1-1　开始菜单启动“画图”程序方法

（2）通过查看“计算机”的属性查看所使用计算机的系统信息。

方法 1：右击“此电脑”→“属性”→“系统属性”，如图 1-2 所示。

方法 2：在 Windows 10 任务栏的搜索框中输入“高级系统”，在结果中单击“查看高

图 1-2 “此电脑-系统属性”对话框

级系统设置”，如图 1-3 所示。

图 1-3 任务栏搜索框“高级系统”对话框

方法 3：按下 Windows+R 键，在“运行”对话框中键入命令“sysdm. cpl”，然后单击“确定”按钮，如图 1-4 所示。

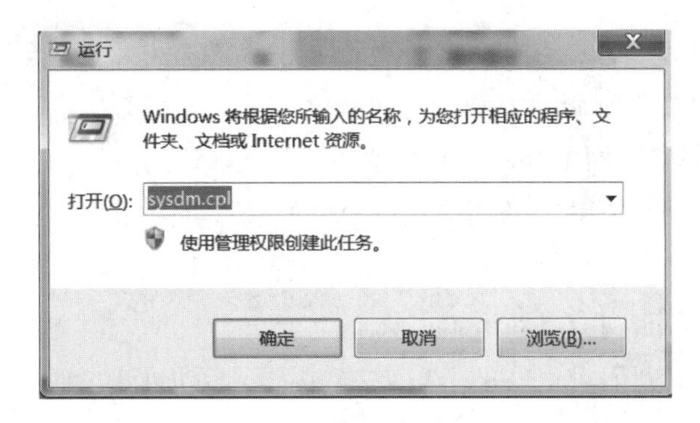

图 1-4 在“运行”对话框键入命令“sysdm. cpl”

(3) 打开"回收站",选择其中的部分文件并删除。

双击桌面上的"回收站"图标,打开"回收站"窗口,可以选择一个或多个文件,单击"文件"菜单,选择"删除"命令对文件进行删除。

3. Windows 10 桌面设置

(1) 将"时钟"小工具放置到桌面上。

单击桌面左下角的"开始"图标,在弹出的对话框中单击"所有应用"按钮,然后单击其中的"时钟"图标,如图 1-5 所示。

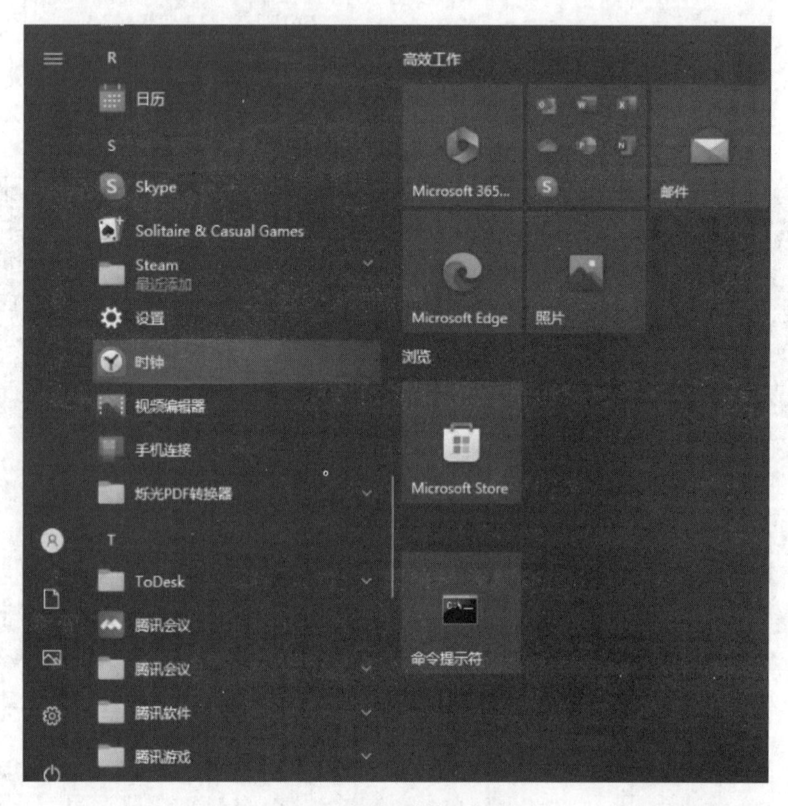

图 1-5 查找"时钟"对话框

下面以"设置闹钟"为例,对"时钟"进行设置。单击右下角的"+"图标,设置时钟时间和声音,保存就可以设置闹钟了,如图 1-6 所示。

(2) 在桌面上创建"文件资源管理器"的快捷方式。

右击桌面空白区域,在弹出的快捷菜单中单击"新建"→"快捷方式",如图 1-7 所示。

在"创建快捷方式"对话框的"请键入对象的位置"文本框中输入链接"Explorer. exe",然后单击"下一步"按钮,如图 1-8 所示。

将快捷方式命名为"Explorer. exe",单击"完成"按钮,即可在桌面上创建 Explorer. exe 的快捷方式,如图 1-9 所示。

图 1-6　设置“时钟”时间和声音

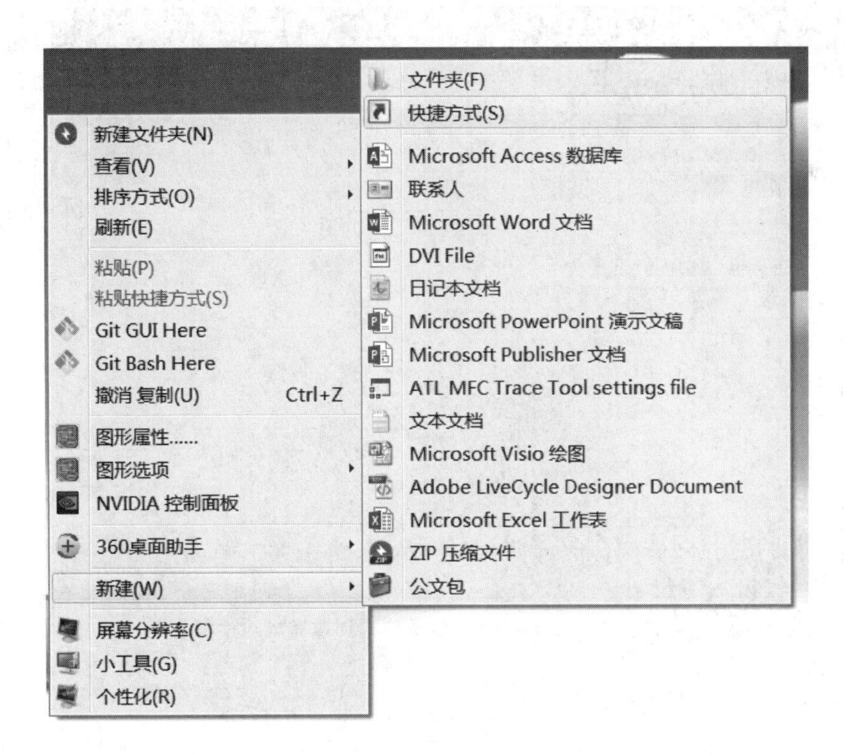

图 1-7　在快捷菜单中选择“新建”→“快捷方式”

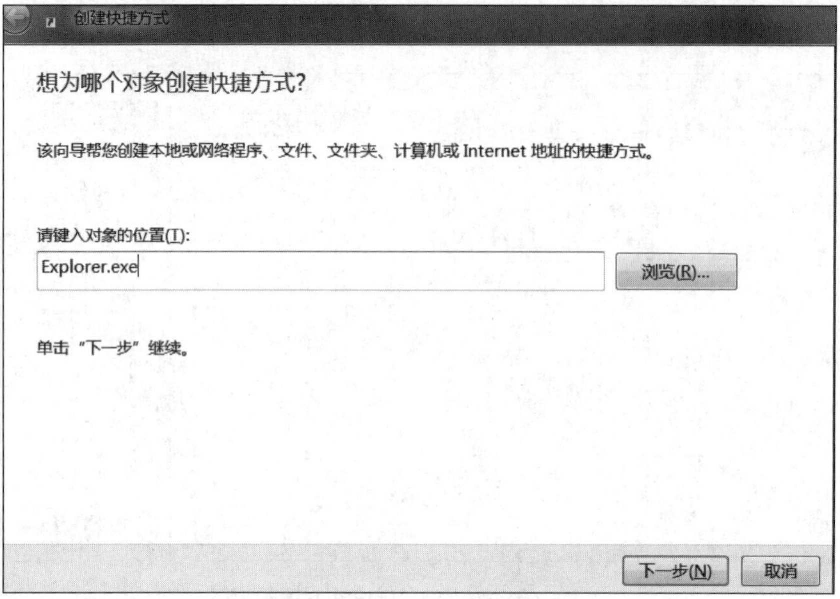

图 1-8　Explorer. exe“创建快捷方式”对话框

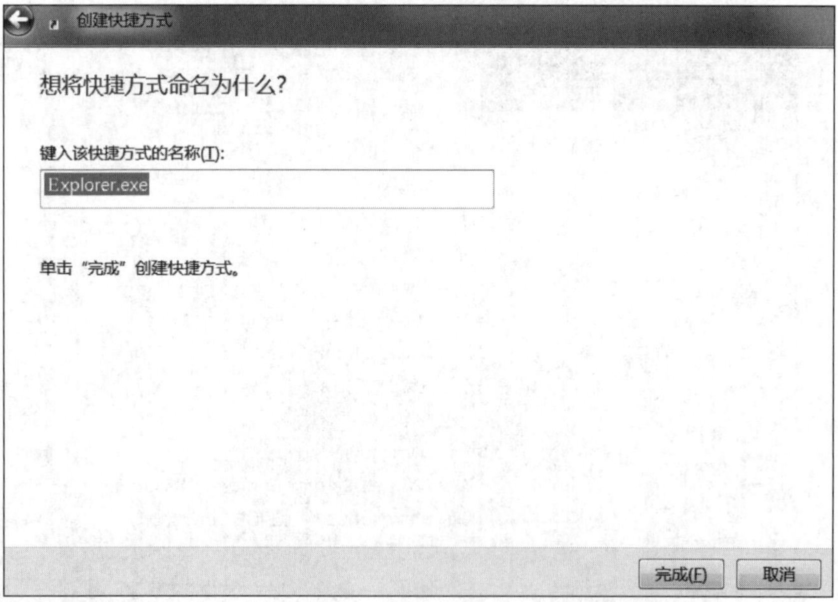

图 1-9　Explorer. exe 快捷方式创建完成对话框

4. 设置“任务栏”属性

右击桌面底部任务栏中的空白处，在弹出的快捷菜单中单击“任务栏设置”，如图 1-10 所示。

在打开的“任务栏”窗口右侧，如果让“锁定任务栏”开关处于“开”的位置，即锁定了任务栏(默认)，如图 1-11 所示。

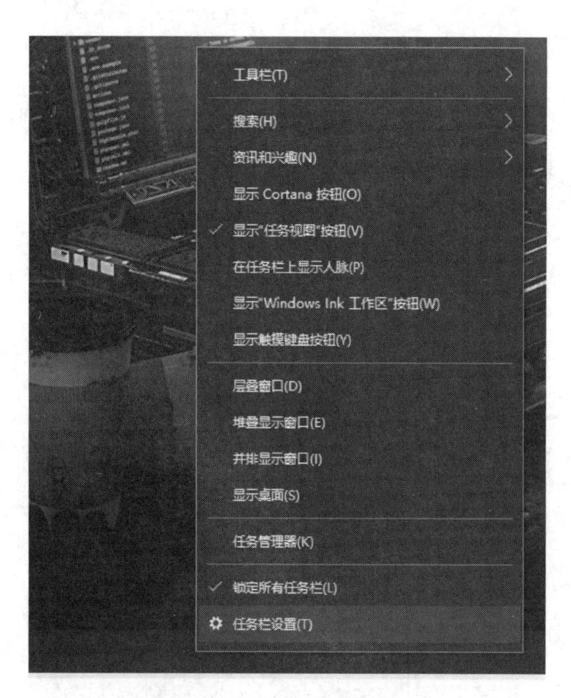

图 1-10　“任务栏设置”菜单

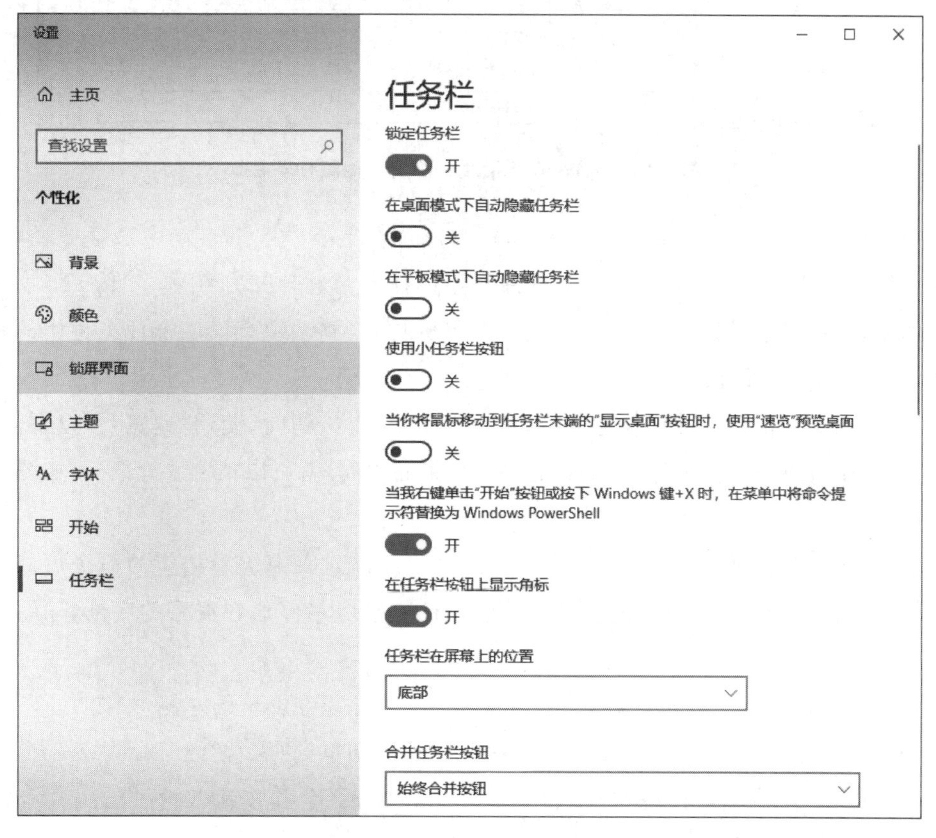

图 1-11　“任务栏”窗口

如果让“在桌面模式下自动隐藏任务栏”开关处于“开”的位置，则在桌面模式下，系统桌面上的任务栏会自动隐藏，如图 1-12 所示。

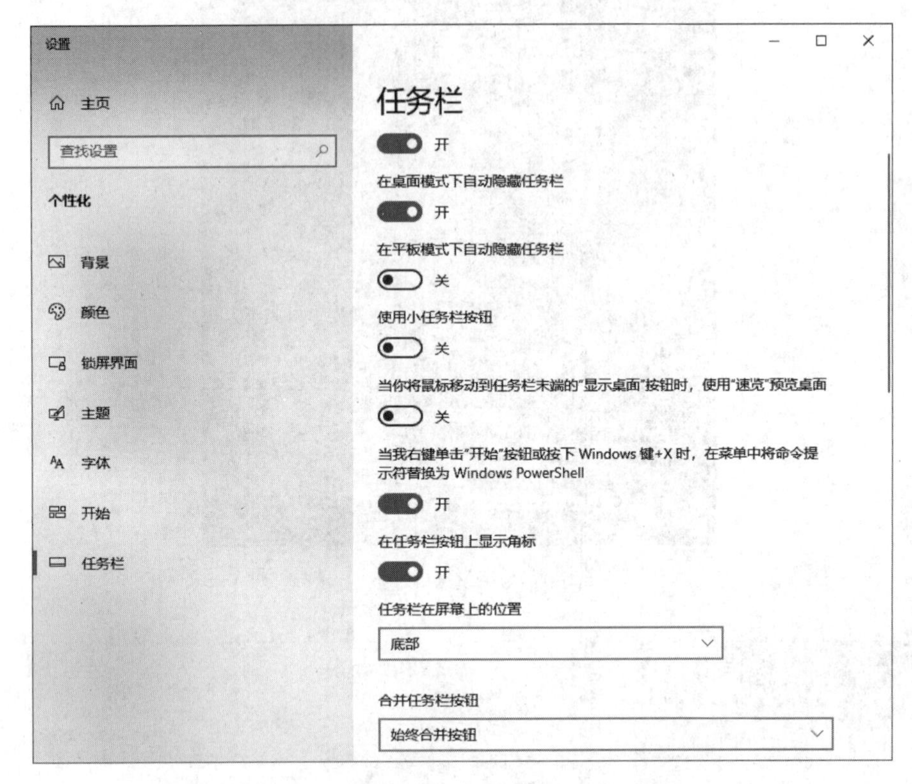

图 1-12 设置“在桌面模式下自动隐藏任务栏”

在操作中心，选择计算机处于平板模式，再让“在平板模式下自动隐藏任务栏”开关处于“开”的位置，则在平板模式下，系统桌面上的任务栏也会自动隐藏，如图 1-13 所示。

如果让“使用小任务栏按钮”开关处于“开”的位置，则系统桌面底部任务栏中的图标会变小，如图 1-14 所示。

如果“当你将鼠标移动到任务栏末端的‘显示桌面’按钮时，使用‘速览’预览桌面”的开关处于“开”的位置，则将鼠标移动到任务栏的最右端时，就可以预览系统桌面，如图 1-15 所示。

在“任务栏”窗口的“任务栏在屏幕上的位置”下拉列表中选择相应的命令可以调整任务栏在屏幕上的位置，现在设置的位置为底部，则任务栏停靠在屏幕的底部，如图 1-16 所示。

将任务栏在屏幕上的位置调整到靠左，则任务栏停靠在屏幕的左侧，如图 1-17 所示。

利用同样的方法，可以将任务栏在屏幕上的位置调整到“靠右”或“顶部”。

还可以在“合并任务栏按钮”下拉列表中选择“始终合并按钮”、“任务栏已满时”和“从不”三种方式中的相应命令进行设置，如图 1-18 所示。

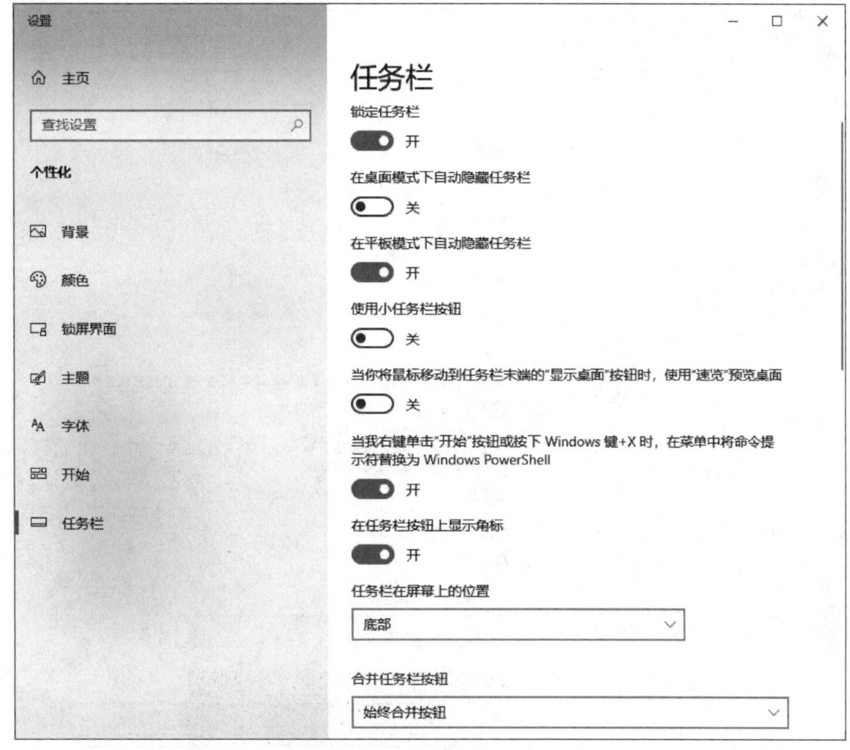

图 1-13　设置"在平板模式下自动隐藏任务栏"

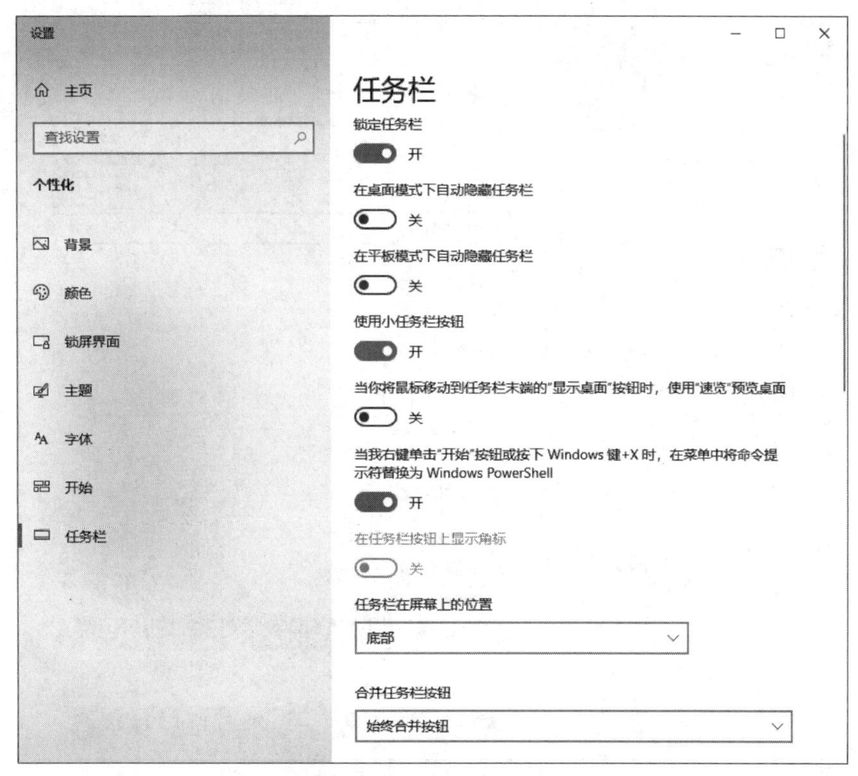

图 1-14　设置任务栏图标变小

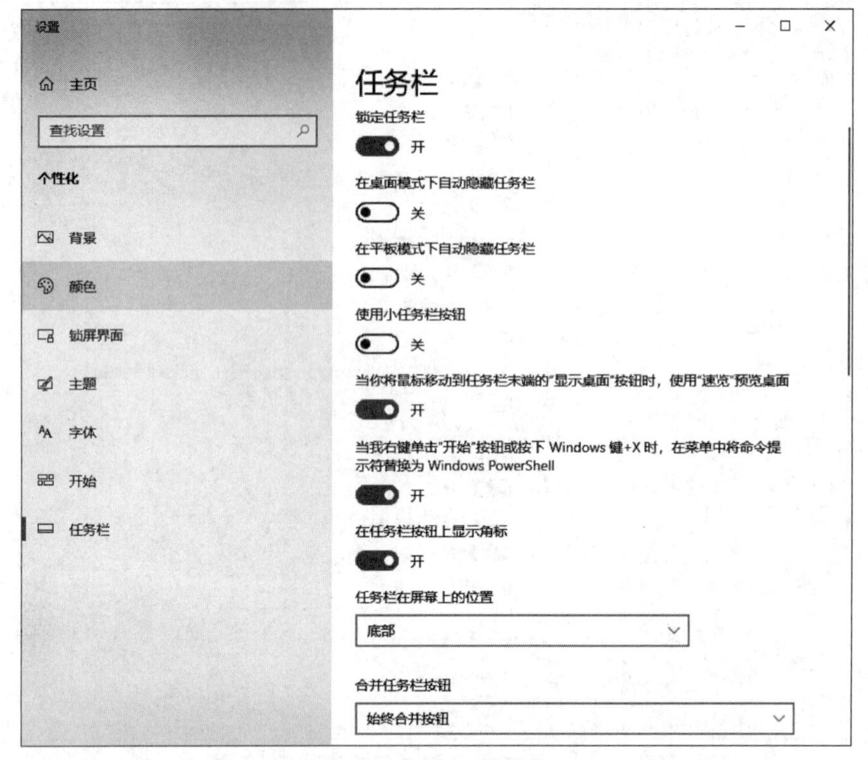

图 1-15　设置预览桌面

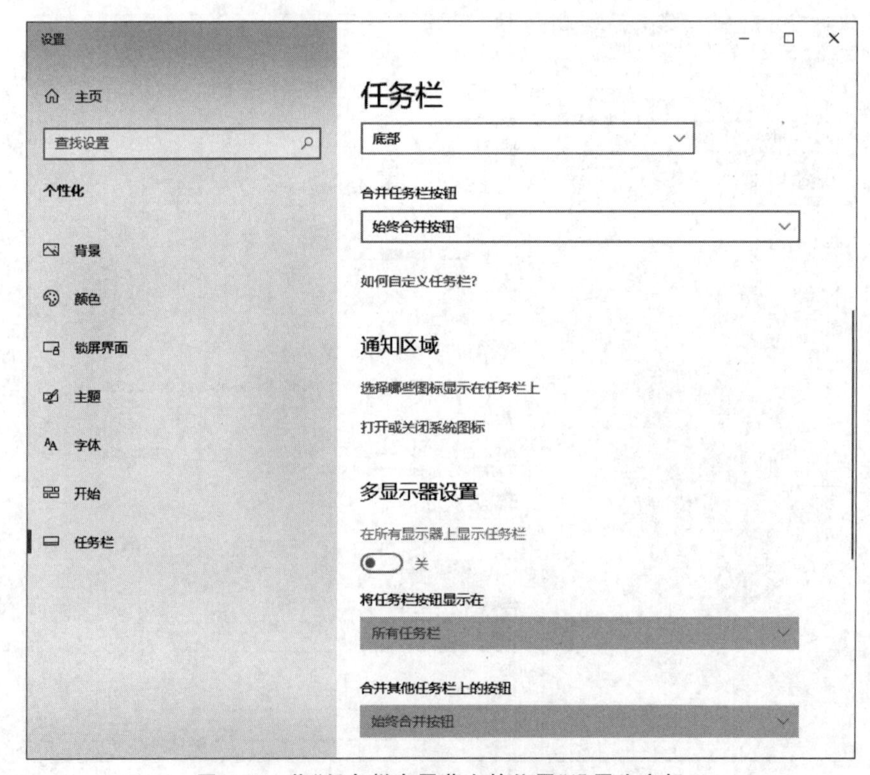

图 1-16　将“任务栏在屏幕上的位置”设置为底部

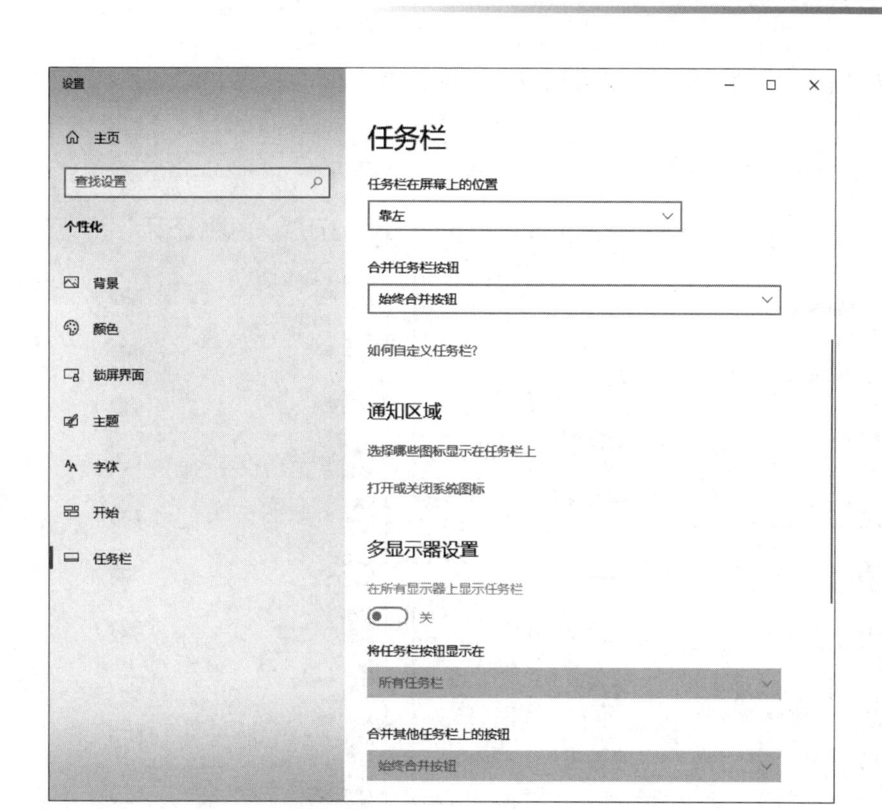

图 1-17　将“任务栏在屏幕上的位置”设置为靠左

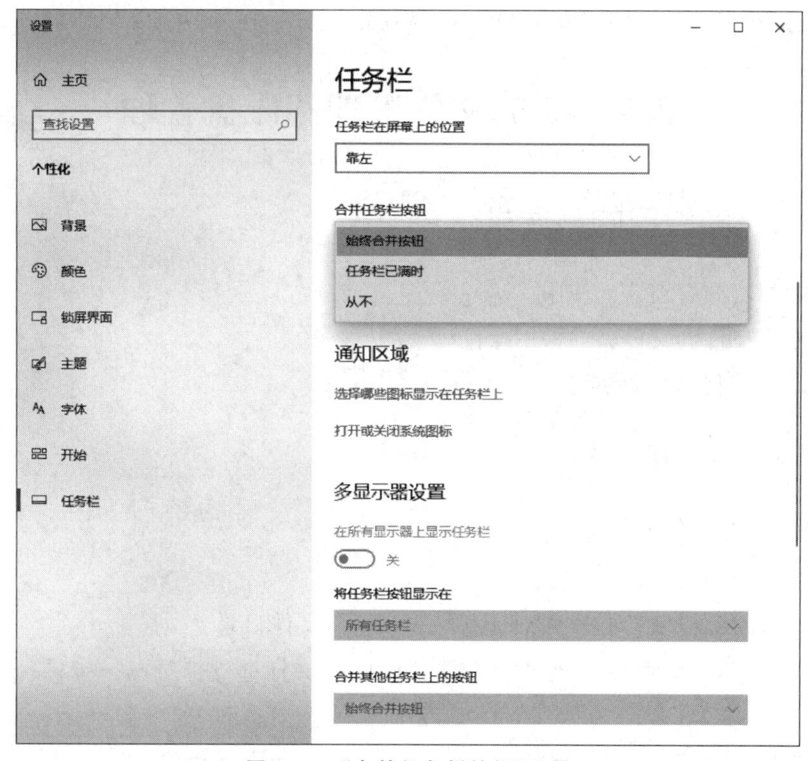

图 1-18　“合并任务栏按钮”设置

另外，还可以设置“选择哪些图标显示在任务栏上”及“打开或关闭系统图标”等，如图 1-19 所示。

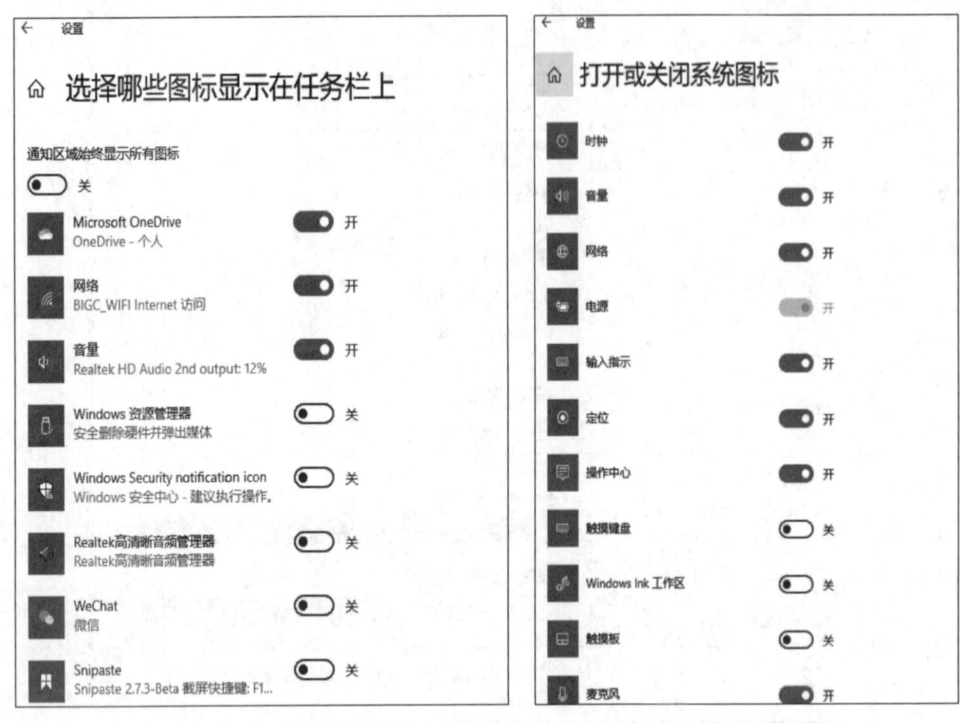

图 1-19　设置“选择哪些图标显示在任务栏上”及“打开或关闭系统图标”

1.2　Windows 10 的文件管理和磁盘管理

1.2.1　实验目的与要求

（1）掌握资源管理器的使用。

（2）掌握文件和文件夹的常用操作。

（3）掌握“回收站”的使用。

1.2.2　实验内容

1. 资源管理器的使用

（1）打开资源管理器。

（2）分别用缩略图、列表、详细信息等方式浏览文件目录。

（3）分别按名称、大小、文件类型和修改时间对文件进行排序，观察四种排序方式的区别。

（4）设置或取消文件夹的查看选项。

2. 文件和文件夹的常用操作

(1) 在D盘根目录下建立一个名为"MyFile"的文件夹。

(2) 使用搜索功能查找指定的文件,例如,搜索所有文件名首字母为"a"的Word文档。

(3) 选择其中的5～10个文档复制到"MyFile"文件夹中。

(4) 在上面的文件中选择一个文件重命名。

(5) 选择一个文件修改其属性为"隐藏"。

3. "回收站"的管理与使用

(1) 更改"回收站"图标,设置"回收站"的最大占用空间为200MB。

(2) 在"MyFile"文件夹中选择2～3个文件删除。

4. 磁盘管理

(1) 使用"磁盘清理"工具清理磁盘上无用的文件。

(2) 使用"磁盘碎片整理"程序进行磁盘文件整理。

1.2.3　操作提示

1. 资源管理器的使用

(1) 打开资源管理器。

方法一:右击Win图标后,在弹出的快捷菜单中单击"文件资源管理器"。

方法二:直接按下Win+E键开启资源管理器。

方法三:右击系统桌面左下角的Windows图标,在弹出的快捷菜单中选择"文件资源管理器"。

方法四:按下Win+R键打开"运行"对话框,输入命令"explorer.exe",按Enter键,就可打开资源管理器。

(2) 分别用缩略图、列表、详细信息等方式浏览文件目录。

在文件资源管理器中,单击下三角按钮,单击菜单项即可选择不同的方式浏览文件目录。

(3) 分别按名称、大小、文件类型和修改时间对文件进行排序,观察四种排序方式的区别。

选择某个文件夹,双击打开该文件夹,如选择"C:\Program Files\Common Files\System"文件夹,按详细信息浏览文件夹,则显示的窗口如图1-20所示。

只需单击文档窗口的标题,即可按名称、大小、文件类型和修改时间对文件进行排序。

(4) 设置或取消文件夹的查看选项。

图 1-20 浏览文件窗口

在图 1-20 所示的窗口中，单击“工具”→“文件夹选项”，弹出“文件夹选项”对话框，如图 1-21 所示。

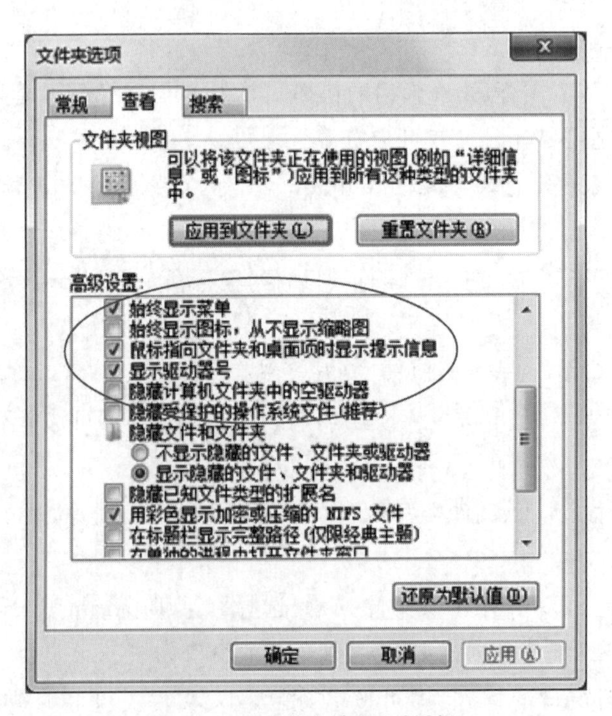

图 1-21 “文件夹选项”对话框

单击“常规”选项卡，可以设置“浏览文件夹”方式；单击“查看”选项卡，可以设置“隐藏文件和文件夹”“隐藏已知文件类型的扩展名”等，通过这些设置对自己的文件进行保护处理。

2. 文件和文件夹的常用操作

(1) 在D盘根目录下建立一个名为“MyFile”的文件夹。

建立文件夹的操作方法有两种：

方法1：打开资源管理器，单击菜单“文件”→“新建”→“文件夹”，然后为文件夹命名“MyFile”。

方法2：打开资源管理器，右击文档窗口的空白处，在弹出的快捷菜单中单击“新建”→“文件夹”，然后为文件夹命名“MyFile”。

(2) 使用搜索功能查找指定的文件。

例如，搜索所有文件名首字母为“a”的Word文档。

打开资源管理器窗口，在“搜索”文本框中，输入“a＊.doc”或“a＊.docx”，单击“搜索”按钮，系统会显示搜索进度并显示结果，如图1-22所示。

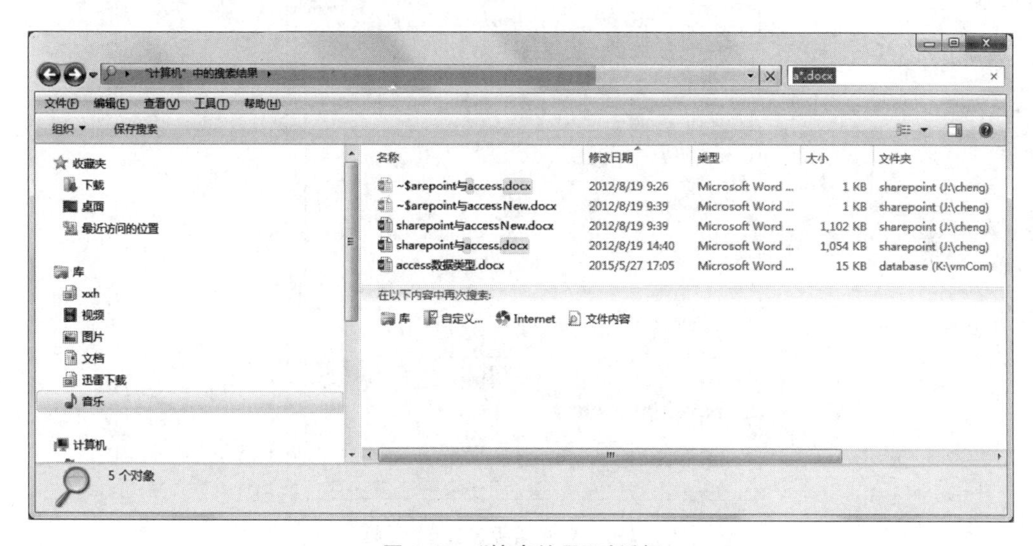

图 1-22 “搜索结果”对话框

如果需要，可以设置筛选器，设置按“修改时间”或“文件大小”搜索。

(3) 文件的复制与移动。

复制/移动文件可以有多种方法，可以利用“复制/移动”“粘贴”命令完成。

首先打开源文件夹，选中要复制的文件，右击，弹出快捷菜单，选择“复制/移动”。

然后打开目标文件夹，右击，弹出快捷菜单，选择“粘贴”，文件即从源文件夹被复制到目标文件夹中。

文件的复制和移动操作也可以利用菜单或快捷键进行。

(4) 文件的重命名。

选择需要重命名的文件右击，在弹出的快捷菜单中选择“重命名”，输入新的文件名即可完成。

(5) 设置文件及文件夹的属性。

选中文件/文件夹，右击，在弹出的快捷菜单中选择“属性”，打开“属性”对话框，可以通过选择复选框设置文件/文件夹的“只读”或“隐藏”属性。

对于设置了文件属性的文件，就可以通过设置或取消文件夹的查看选项，使文件隐藏或显示。

3. “回收站”的管理与使用

更改“回收站”图标，设置“回收站”的最大占用空间为 200MB。

右击桌面空白处，在弹出的快捷菜单中单击“个性化”，打开“个性化”窗口，单击左侧列表中的“主题”，再单击“主题”窗口下的“桌面图标设置”，弹出“桌面图标设置”对话框，如图 1-23 所示。

图 1-23 “桌面图标设置”对话框

选择“回收站”图标，单击“更改图标”按钮，弹出“更改图标”对话框。

选择所要使用的图标，单击“确定”按钮，则更改图标操作成功，关闭所有对话框和窗口，返回到桌面状态。

右击桌面上的“回收站”图标，在弹出的快捷菜单中，单击“属性”，弹出“回收站属性”对话框。

调整“回收站的最大空间”为 200MB，然后单击“确定”按钮。

文件的删除时：选中要删除的文件，按“Delete”键或直接将文件拖入“回收站”或右击选择“删除”。若要从磁盘上彻底删除该文件，可在“回收站”中，选择“清空回收站”或再次删除该文件。

还原被删除文件时：打开“回收站”，选中要还原的文件，单击“还原”即可。

4. 磁盘管理

（1）使用“磁盘清理”工具清理磁盘上无用的文件。

单击“开始”菜单→“Windows”系统→“控制面板”→“管理工具”，打开“磁盘清理”对话框，如图 1-24 所示。

名称	修改日期	类型	大小
iSCSI 发起程序	2019/12/7 17:09	快捷方式	2 KB
ODBC Data Sources (32-bit)	2019/12/7 17:10	快捷方式	2 KB
ODBC 数据源(64 位)	2019/12/7 17:09	快捷方式	2 KB
Windows 内存诊断	2019/12/7 17:09	快捷方式	2 KB
本地安全策略	2019/12/7 17:10	快捷方式	2 KB
磁盘清理	2019/12/7 17:09	快捷方式	2 KB
打印管理	2019/12/7 5:46	快捷方式	2 KB
服务	2019/12/7 17:09	快捷方式	2 KB
高级安全 Windows Defender 防火墙	2019/12/7 17:08	快捷方式	2 KB
恢复驱动器	2019/12/7 17:09	快捷方式	2 KB
计算机管理	2019/12/7 17:09	快捷方式	2 KB
任务计划程序	2019/12/7 17:09	快捷方式	2 KB
事件查看器	2019/12/7 17:09	快捷方式	2 KB
碎片整理和优化驱动器	2019/12/7 17:09	快捷方式	2 KB
系统配置	2019/12/7 17:09	快捷方式	2 KB
系统信息	2019/12/7 17:09	快捷方式	2 KB
性能监视器	2019/12/7 17:09	快捷方式	2 KB
注册表编辑器	2019/12/7 17:09	快捷方式	2 KB
资源监视器	2019/12/7 17:09	快捷方式	2 KB
组件服务	2019/12/7 17:09	快捷方式	2 KB

图 1-24 “管理工具”对话框

选择要清理的驱动器，例如 J：盘，单击“确定”按钮，如图 1-25 所示。

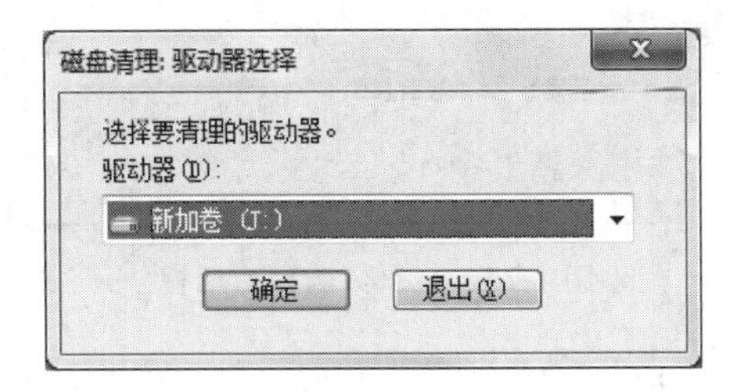

图 1-25 “驱动器选择”对话框

选择要删除的文件，单击“确定”按钮后即可删除文件，如图 1-26 所示。

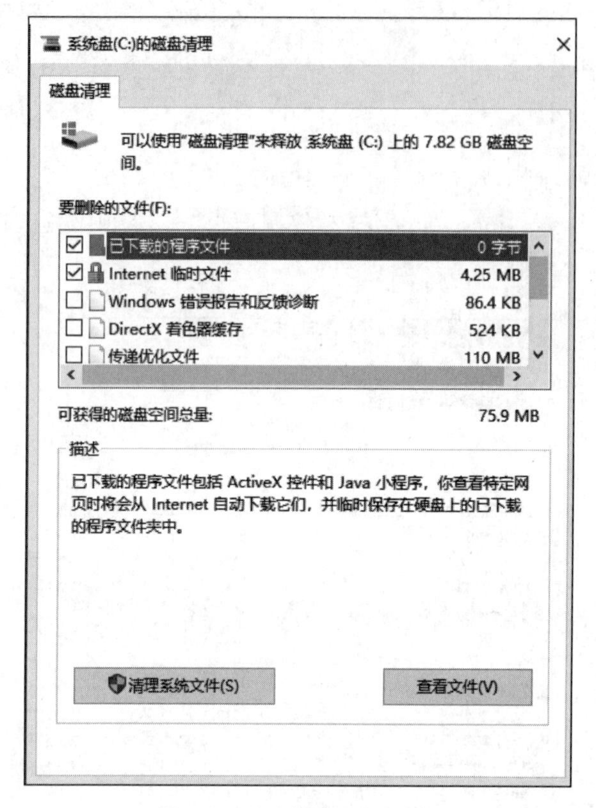

图 1-26 “磁盘清理”对话框

（2）利用“磁盘碎片整理”程序进行磁盘文件整理。

单击“此电脑”，在打开窗口中随便单击一个磁盘，接着单击上面的“管理”选项卡，选择“优化”选项，如图 1-27 所示。

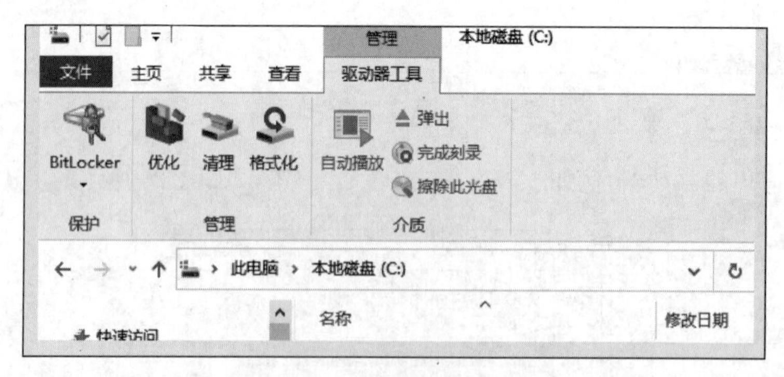

图 1-27 “优化”选项对话框

弹出“优化驱动器”对话框，选中某个磁盘，单击“优化”按钮，如图 1-28 所示。这时，就会看到磁盘正在整理，等待磁盘碎片整理完成。

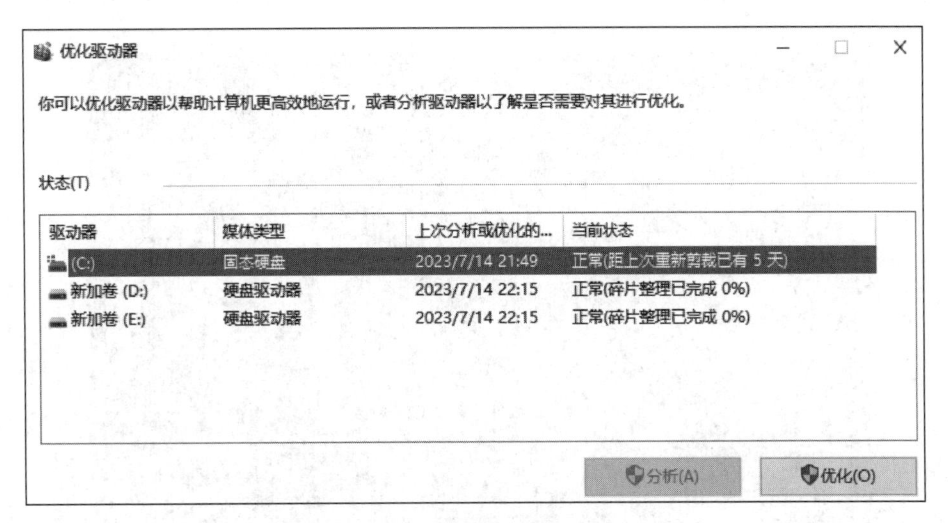

图 1-28 优化驱动器对话框

1.3 Windows 10 控制面板

1.3.1 实验目的与要求

(1) 了解控制面板的功能。

(2) 掌握几种常用系统配置的方法。

1.3.2 实验内容

(1) 创建一个标准新用户“every”，并设置密码为“bigc123”。

(2) 设置显示器的分辨率。

(3) 设置屏幕保护程序。

1.3.3 操作提示

1. 创建一个标准新用户“every”并设置密码为“bigc123”

单击“开始”菜单→“Windows 系统”→“控制面板”，打开“控制面板”窗口，如图 1-29 所示。

在“控制面板”窗口中单击“用户账户”，打开“用户账户”窗口，如图 1-30 所示。

接下来，在“用户账户”窗口中单击“管理其他账户”→“在电脑设置中添加新用户”→“将其他人添加到这台电脑”，如图 1-31 和图 1-32 所示。

双击“用户”，如图 1-33 所示。

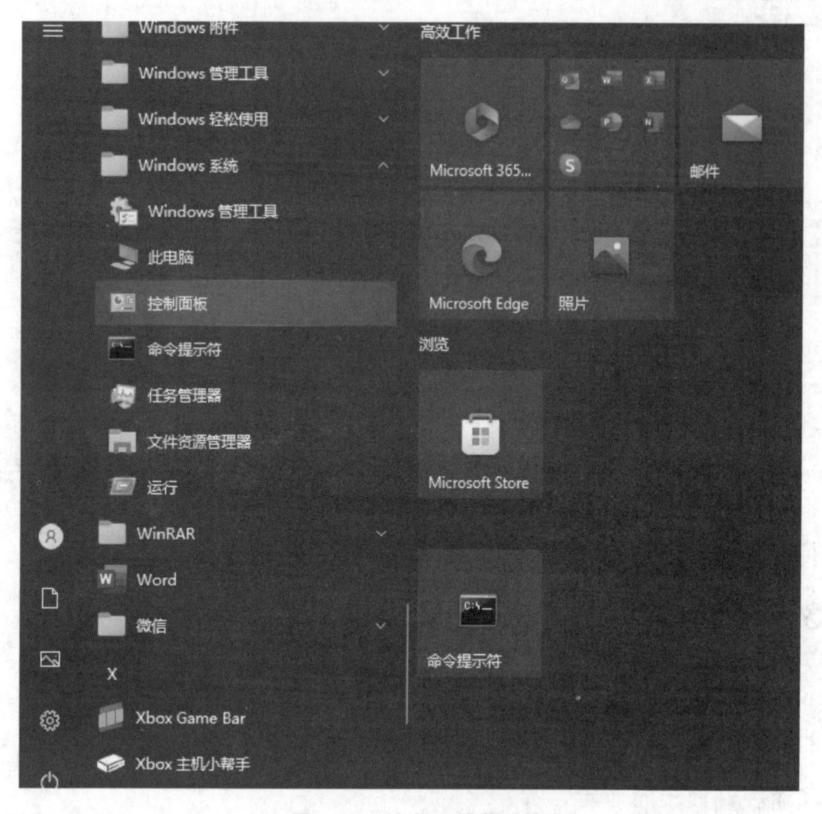

图 1-29　控制面板菜单

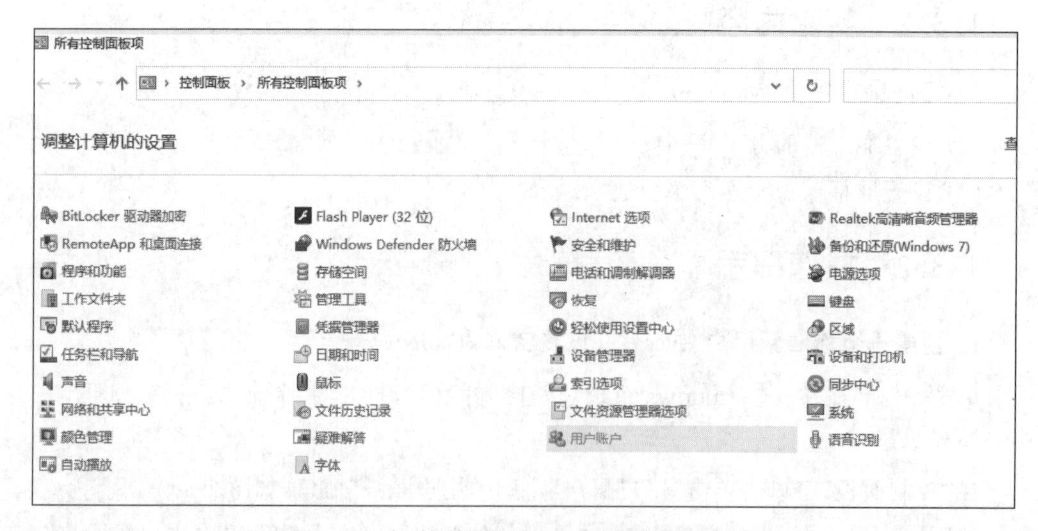

图 1-30　在“控制面板”窗口中查找“用户账户”

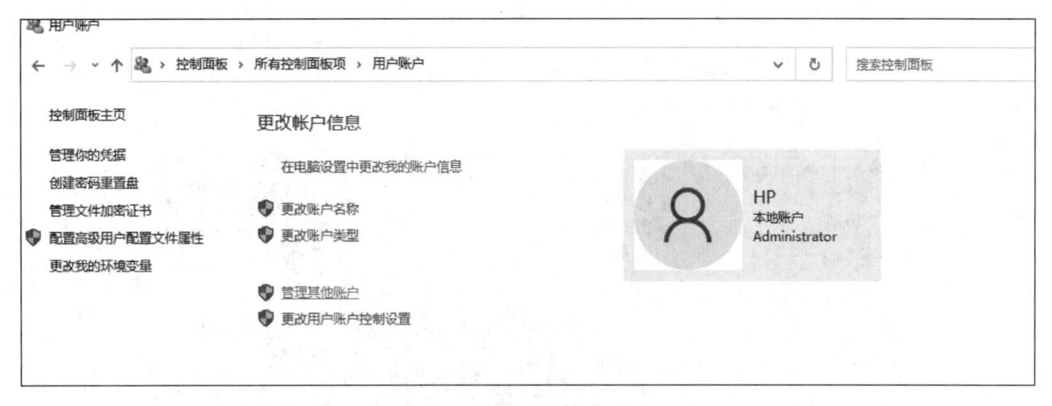

图 1-31　管理其他账户对话框

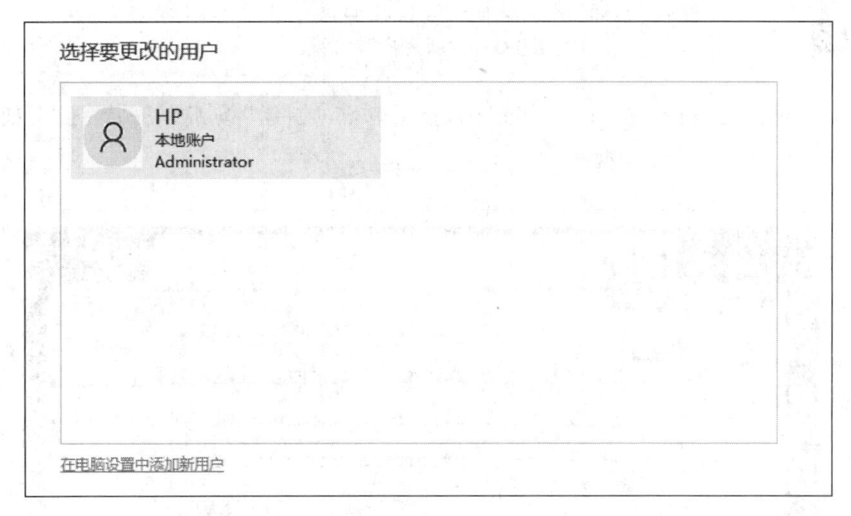

图 1-32　将其他人添加到这台电脑对话框

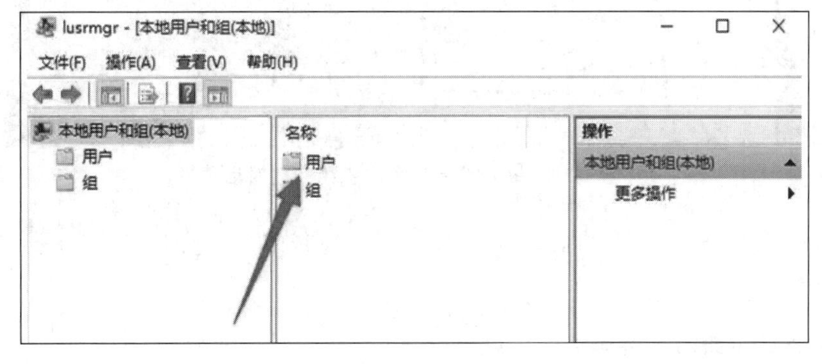

图 1-33　“用户”对话框

右击中间板空白区域,然后在弹出的快捷菜单中选择“新用户”,如图 1-34 所示。

图 1-34 “新用户”对话框

输入要创建用户的基本信息和密码,然后单击“创建”按钮以完成创建,如图 1-35 所示。

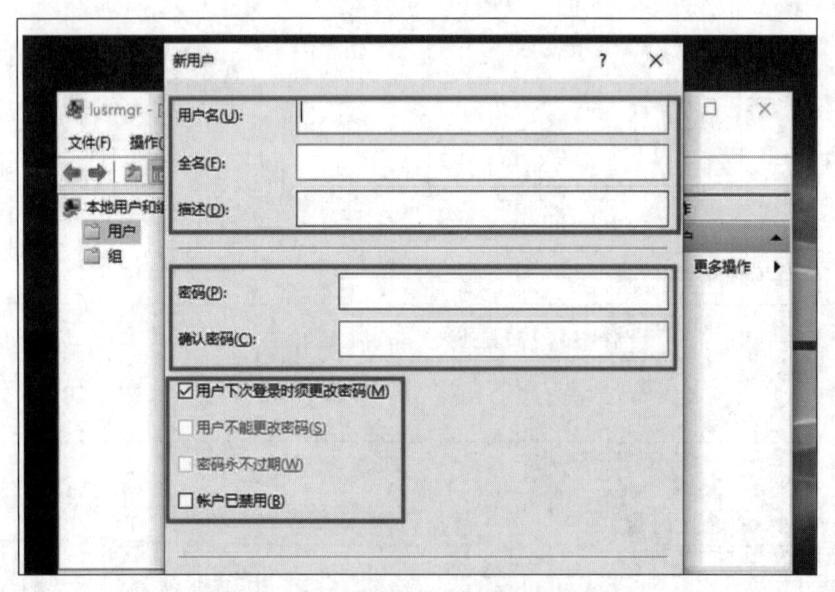

图 1-35 输入用户基本信息和密码对话框

最后,返回所有用户的主面板,可以看到创建的新用户,此用户可用于共享和登录,如图 1-36 所示。

2. 设置显示器的分辨率

方法一:

单击“开始”菜单→“设置”,打开“设置”对话框,如图 1-37 所示。

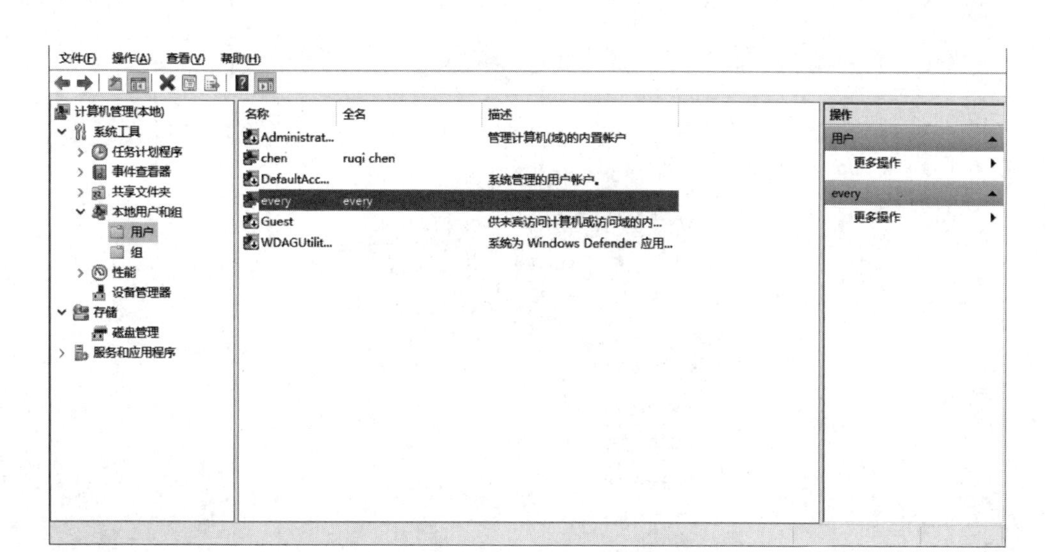

图 1-36　查看创建的新用户对话框

图 1-37　“设置”对话框

接着选择“系统”→“显示”后，在“显示分辨率”下拉列表框中选择需要的屏幕分辨率即可，如图 1-38 所示。

方法二：

打开“控制面板”窗口，单击“显示”，打开“显示”窗口，如图 1-39 所示。

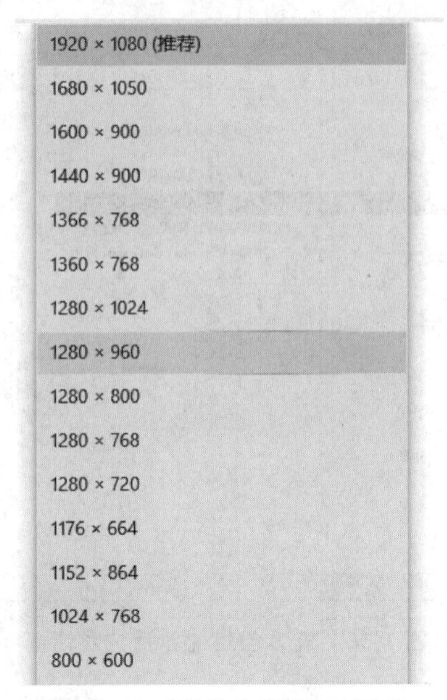

图 1-38 “显示分辨率”对话框

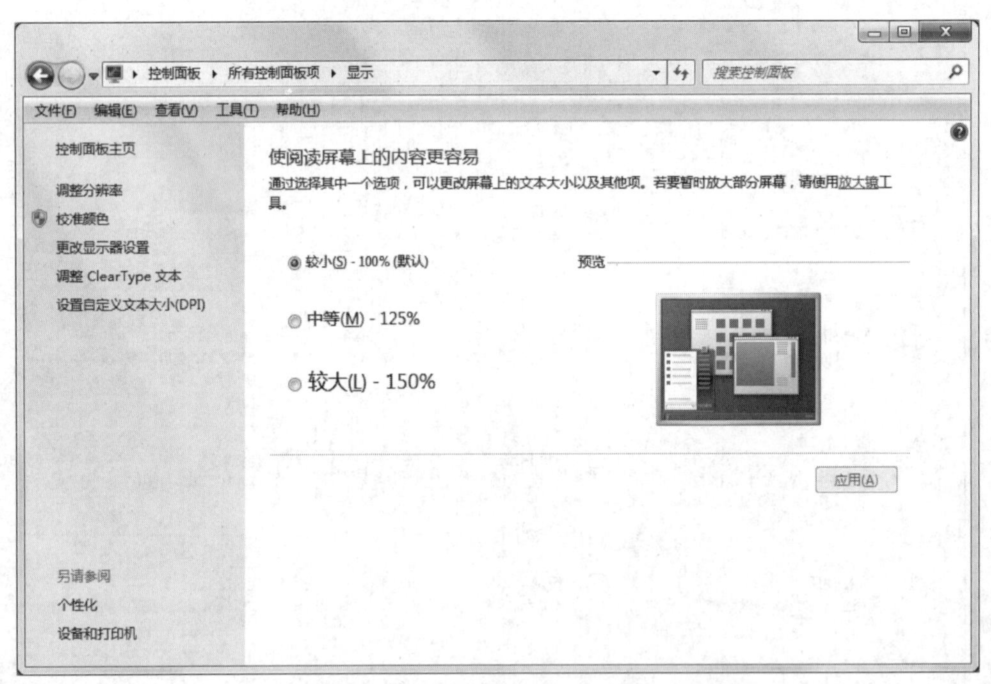

图 1-39 “控制面板-所有控制面板项-显示”对话框

在左侧的导航栏中单击“调整分辨率”，打开“屏幕分辨率”窗口，如图 1-40 所示。

在“显示器”下拉列表框中可以设置显示器的型号，在“分辨率”对话框中，可以使用滑块设置显示器的分辨率，例如，将“屏幕分辨率”调整为“1024×768”。

单击“确定”按钮，分辨率设置完成。

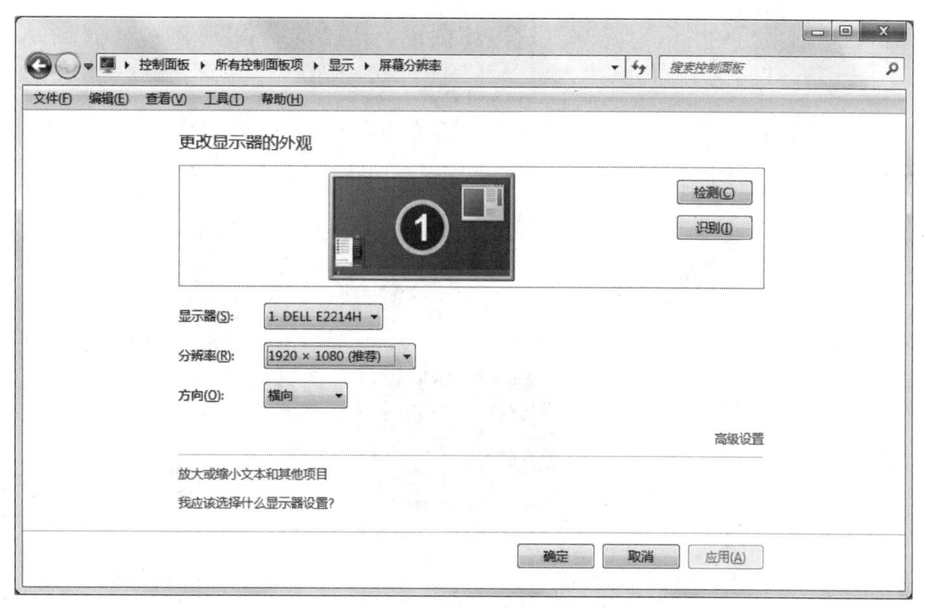

图 1-40　“屏幕分辨率”对话框

3. 设置屏幕保护程序

在桌面空白处右击后单击“个性化”→ 左侧“锁屏界面”→“屏幕保护程序设置”，如图 1-41 所示。

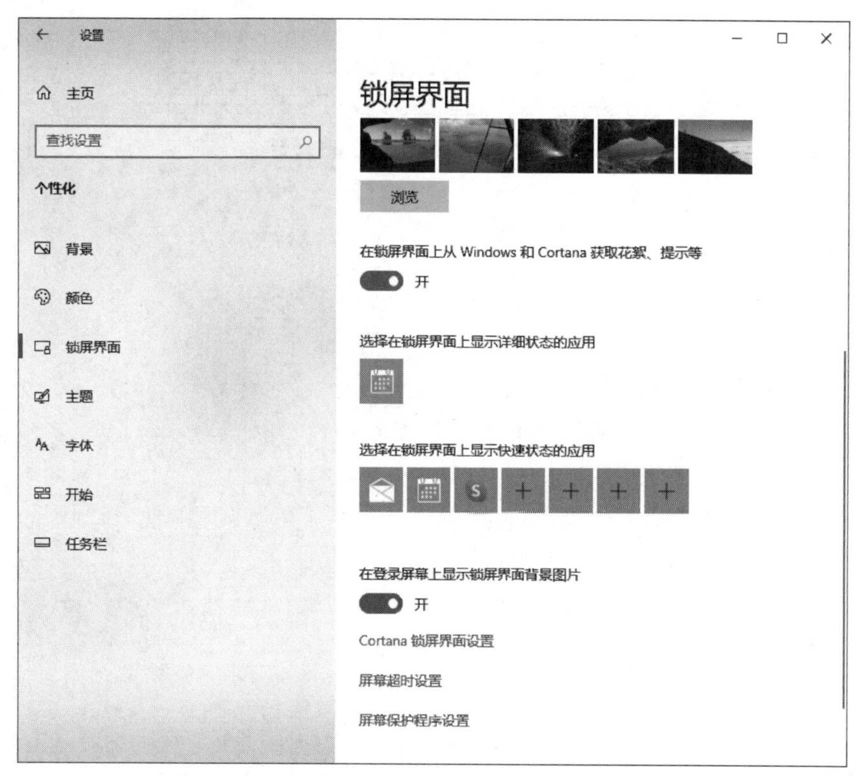

图 1-41　“锁屏界面-屏幕保护程序设置”对话框

单击窗口右下角的“屏幕保护程序设置”图标，打开“屏幕保护程序设置”对话框，如图 1-42 所示。

在“屏幕保护程序”下拉列表框中选择所需要的图片和动画，单击“设置”按钮可以设置图片显示的速度，使用微调按钮可以设置屏幕保护程序运行等待时间。

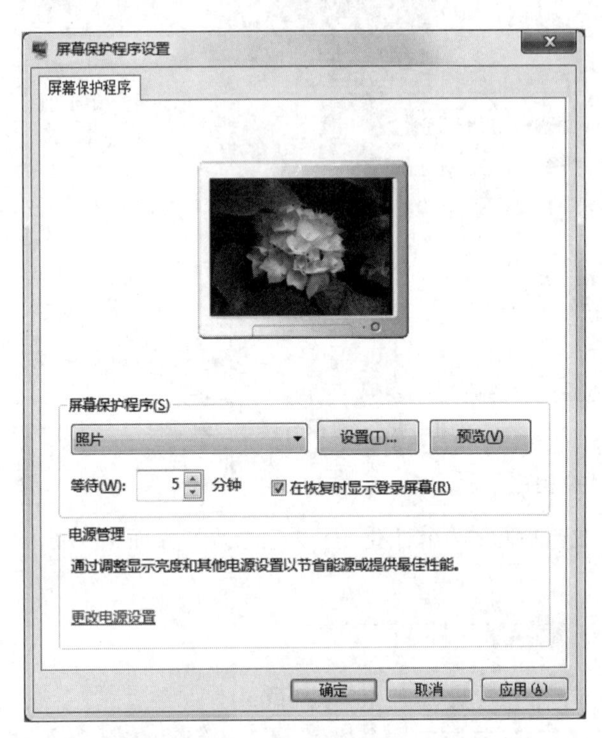

图 1-42 “屏幕保护程序设置”对话框

第2章 Word 2016文字处理软件实验

CHAPTER 2

2.1 Word 2016 的基本操作与文字排版

2.1.1 实验目的与要求

(1) 掌握 Word 文档的建立、保存与打开。

(2) 掌握 Word 文档的基本编辑,包括删除、修改、插入、复制与移动。

(3) 了解 Word 视图模式。

(4) 掌握 Word 文档编辑操作的基本方法。

(5) 掌握 Word 格式与版面的基本设置操作,包括文字字体设置和段落格式设置。

2.1.2 实验内容

1. 建立一个 Word 文件

在新建文档中输入下面的三段文字,以"Windows 10. docx"为文件名保存到"d:\MyFile"文件夹下,关闭文档。

Windows 10 是微软公司研发的跨平台视窗操作系统,应用于计算机和平板电脑等设备,于 2015 年 7 月 29 日发行。Windows 10 在易用性和安全性方面有了极大的提升,除了针对云服务、智能移动设备、自然人机交互等新技术进行融合外,还对固态硬盘、生物识别、高分辨率屏幕等硬件进行了优化完善与支持。

通过 Windows 任务栏上的"资讯和兴趣"功能,用户可以快速访问动态内容的集成馈送,如新闻、天气、体育等,这些内容在一天内更新,用户还可以量身定做自己感兴趣的相关内容来个性化任务栏。在易用性、安全性等方面进行了深入的改进与优化。针对云服务、智能移动设备、自然人机交互等新技术进行融合。

微软在 Windows 10 中带回了用户期盼已久的"开始"菜单功能,并将其与 Windows 8

开始屏幕的特色相结合。单击屏幕左下角的 Windows 键打开“开始”菜单之后，你不仅会在左侧看到包含系统关键设置和应用列表，标志性的动态磁贴也会在右侧出现。

2. 编辑文档

打开“Windows 10. docx”文档，继续编辑，将第二段复制后，粘贴到文档后面作为第四段。

3. 将文档中所有的英文单词改为词首字母大写

4. 在文档的开头插入标题“Windows 10 系统简介”

5. 用不同方式查看文档

将修改后的文档另存到当前文件夹，文件名为“Windows 10-1.docx”；然后分别以“普通、视图、页面视图、大纲视图、打印浏览、联机版式”等方式查看文档，观察不同视图的特点。

6. 按要求设置格式

格式要求为：

（1）第一段设置字体、字号、字形分别为宋体、常规、小四、阴影、加着重号，段落首行缩进 2 字符；

（2）第二段设置字体、字号、字形分别为宋体、粗斜体、加着重号、五号，悬挂缩进 1 厘米；

（3）第三段设置字体、字号、字形分别为楷体、加粗、小四、波浪下画线，行距 1.5 倍，段后间距 1.5 行。

7. 设置标题格式

将标题“Windows 10 系统简介”设置为 “标题 3”样式，居中对齐，宋体，空心字。

2.1.3 操作提示

（1）要想查看文档的全部内容，最好在页面视图下进行编辑工作。

（2）在编辑或排版之前，首先要选定文本，被选定的文本以黑底白字的形式显示在屏幕上，这样才可以进行复制、移动等操作。

选定文本最简单的方法：用鼠标拖动使文本变为深色，如图 2-1 所示。

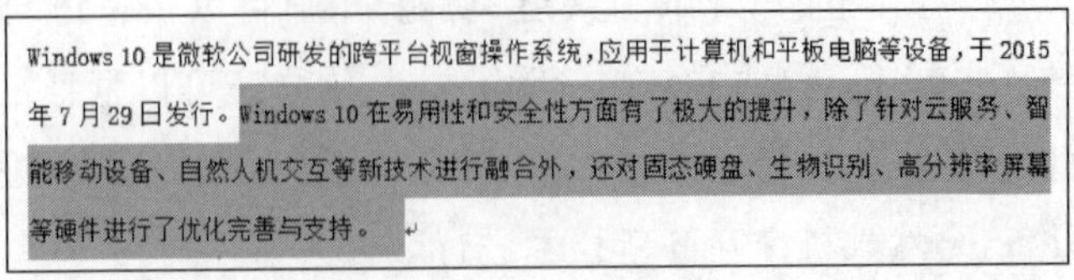

Windows 10 是微软公司研发的跨平台视窗操作系统，应用于计算机和平板电脑等设备，于 2015 年 7 月 29 日发行。Windows 10 在易用性和安全性方面有了极大的提升，除了针对云服务、智能移动设备、自然人机交互等新技术进行融合外，还对固态硬盘、生物识别、高分辨率屏幕等硬件进行了优化完善与支持。

图 2-1 选定文本

(3) 更改英文单词的大小写。首先要选定文本，然后选择"开始"选项卡，在"字体"选项组中单击"更改大小写"按钮，然后在级联菜单中选择"每个单词首字母大写"即可，如图 2-2 所示。

(4) 字符格式设置包括设置文本的字体、字号、字形、大小、粗斜体、下画线、上下标及字体颜色、字符间距等。要完成字符格式的设置，通常用两种方法。

方法一：使用"开始"选项卡中"字体"选项组中的图形按钮，如图 2-3 所示。

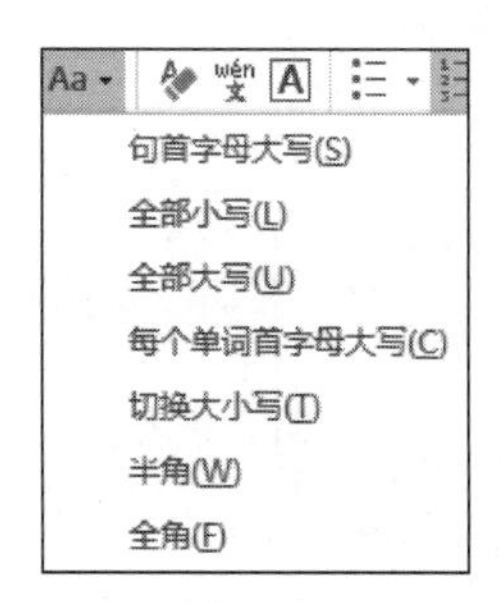

图 2-2 "更改大小写"菜单

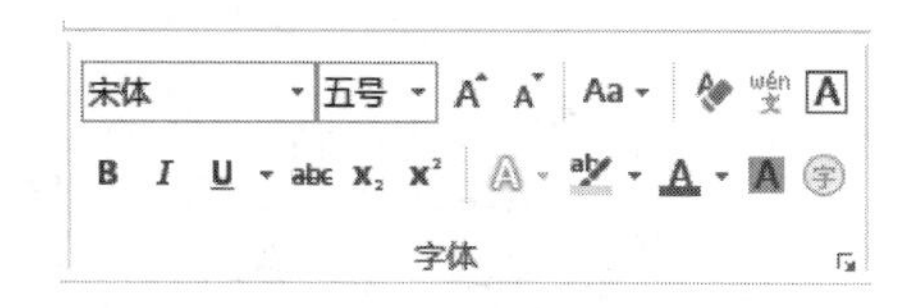

图 2-3 "字体"工具栏

方法二：单击"字体"选项组的 "字体"对话框启动按钮，在打开的"字体"对话框中选择所要的字体、字号、字形、颜色、效果后，单击"确定"按钮，如图 2-4 所示。

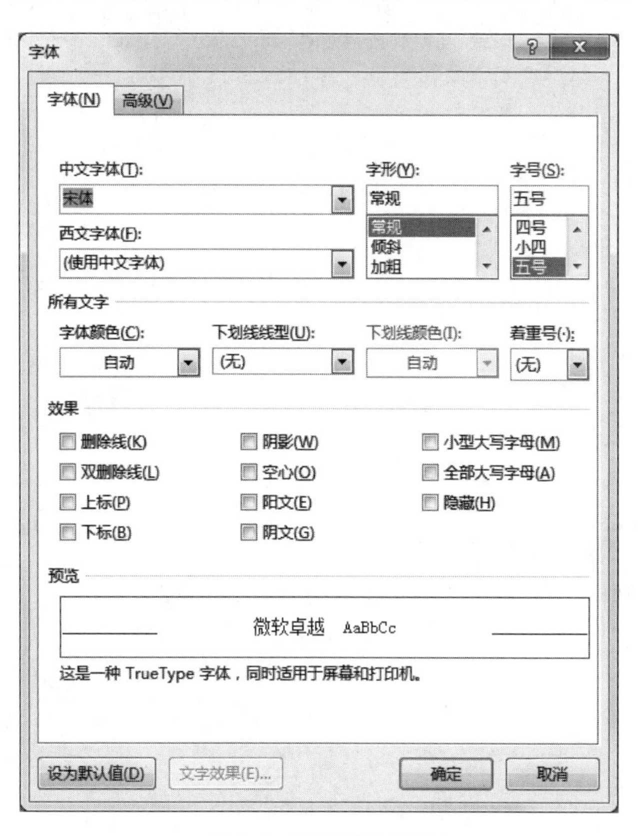

图 2-4 "字体"对话框

(5) 段落的对齐方式设置有两种方法。

方法一：使用“开始”选项卡中“段落”选项组中的图形按钮。

方法二：单击“段落”选项组的“段落”对话框启动按钮，在打开的“段落”对话框中，在“对齐方式”下拉框中选择对齐方式，如图 2-5 所示。

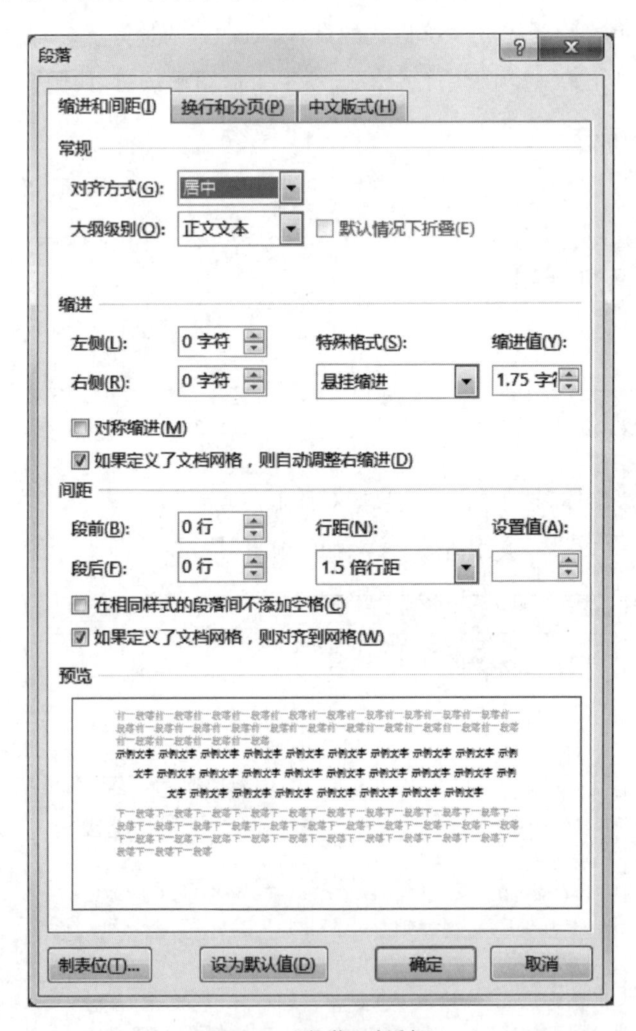

图 2-5 “段落”对话框

(6) 段落的缩进设置有两种方法。

方法一：使用“标尺”工具栏进行段落缩进设置，如图 2-6 所示。

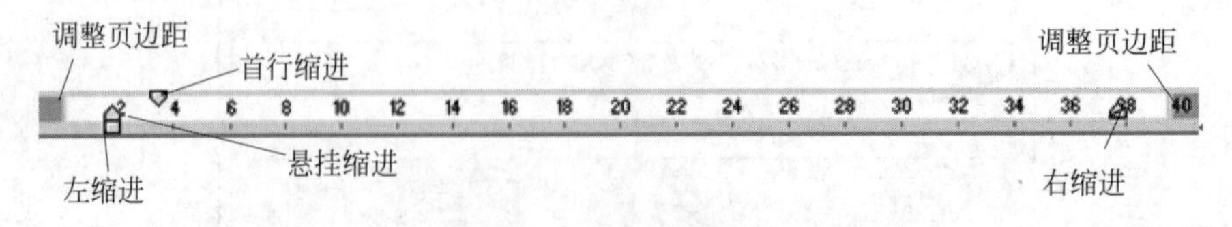

图 2-6 “标尺”工具栏

方法二：在“段落”对话框中，选择“缩进”选项组，可以设置左缩进、右缩进、首行缩进和悬挂缩进等，如图 2-5 所示。

2.1.4　样张

文件 d:\MyFile\Windows 10-1

Windows 10 系统简介

Windows 10 是微软公司研发的跨平台视窗操作系统，应用于计算机和平板电脑等设备，于 2015 年 7 月 29 日发行。Windows 10 在易用性和安全性方面有了极大的提升，除了针对云服务、智能移动设备、自然人机交互等新技术进行融合外，还对固态硬盘、生物识别、高分辨率屏幕等硬件进行了优化完善与支持。

通过 Windows 任务栏上的“资讯和兴趣”功能，用户可以快速访问动态内容的集成馈送，如新闻、天气、体育等，这些内容在一天内更新，用户还可以量身定做自己感兴趣的相关内容来个性化任务栏。在易用性、安全性等方面进行了深入的改进与优化。针对云服务、智能移动设备、自然人机交互等新技术进行融合。

微软公司在 Windows 10 中带回了用户期盼已久的“开始”菜单功能，并将其与Windows 8开始屏幕的特色相结合。单击屏幕左下角的Windows键打开“开始”菜单之后，你不仅会在左侧看到包含系统关键设置和应用列表，标志性的动态磁贴也会在右侧出现。

2.2　文档的高级排版(图文混排)与打印

2.2.1　实验目的与要求

(1) 熟悉并掌握 Word 文档的各种修饰的基本设置操作，包括文字的修饰和段落整理。

(2) 熟悉并掌握 Word 文档的图形图像处理功能。

(3) 掌握文档的页面设置及打印的方法。

2.2.2 实验内容

1. 打开实验 2.1 建立的文件 Windows 10.docx

2. 输入文字“微软操作系统发展概况”

字符间距加宽 2 磅，相邻 2 个字符的升降幅度为 3 磅(见样张)。

3. 格式设置

(1) 第一段首字下沉 2 行、宋体、小四、粗体、红色、右对齐。

(2) 第二段首行缩进 0.5 厘米、仿宋、小四、斜体、蓝色、字符间距加宽 3 磅、居中对齐。

(3) 第三段悬挂缩进 0.5 厘米、宋体、四号、普通、黑色、左对齐；加方框、点画线、粉红色、0.75 磅；底纹为黄色，并用红色 20%的图案填充。

4. 将第二段进行分栏

分二栏，加分割线，栏间距为 4 字符，栏宽相等。

5. 按样张所示添加项目符号

6. 插入 2 幅剪贴画

其中一幅格式设置为“四周型”，而另一幅设置为“衬于文字下方”。

7. 插入艺术字“Windows 发展概况”

样式及格式自定。

8. 插入一个竖排文本框

内部填充颜色，加外边框线，版式为“四周型”。

9. 将文件以“Windows 10 介绍.docx”命名保存到“D:\Myfile”文件夹下

10. 设置页边距

设置页边距为上、下 2 厘米，左、右 3 厘米，纸张大小为 A4 纸。

2.2.3 操作提示

1. 文字格式设置

文字“微软操作系统发展概况”格式的设置可以通过打开“字体”对话框，选择“高级”选项卡中的“位置”选项来完成，如图 2-7 所示。通过选择“间距”选项可以改变字符间距，通过选择“位置”选项可以使字符提升或下降。

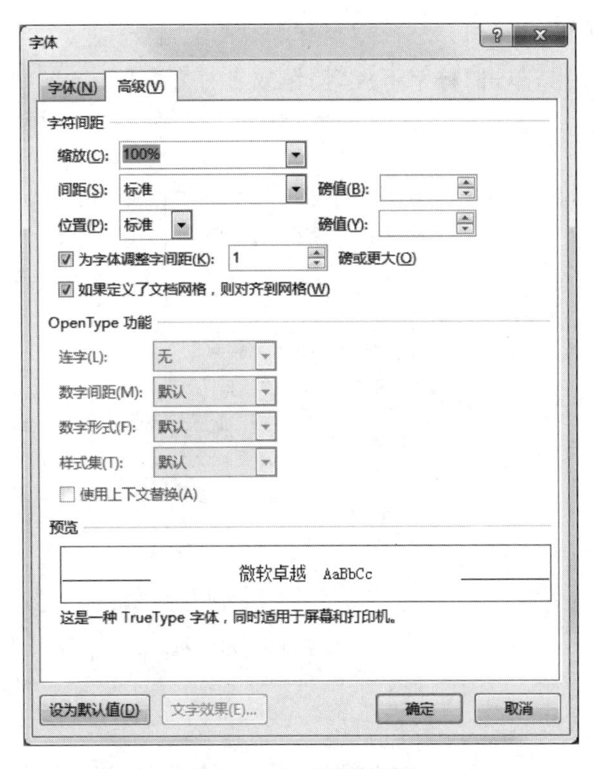

图 2-7 “字体”对话框

2. 分栏的设置

分栏的设置需要选择“页面布局”选项卡，单击“分栏”按钮或者在“分栏”对话框中进行设置，如图 2-8 所示。

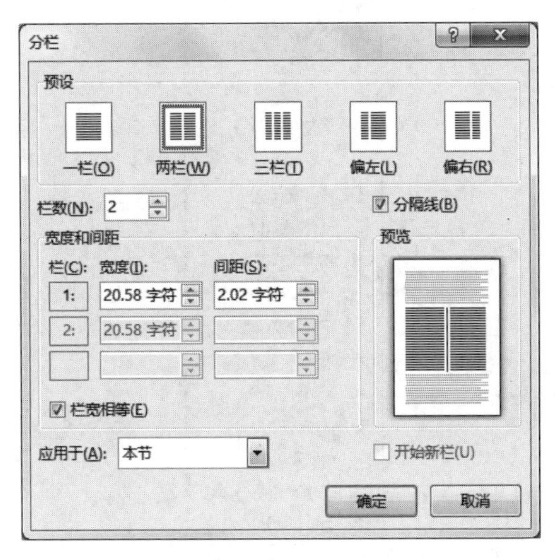

图 2-8 “分栏”对话框

3. 设置“首字下沉”

单击“插入”选项卡，单击“首字下沉”按钮或者打开“首字下沉”对话框，如图 2-9 所示。可以选择“下沉”或“悬挂”，还可以设置字体和下沉行数。

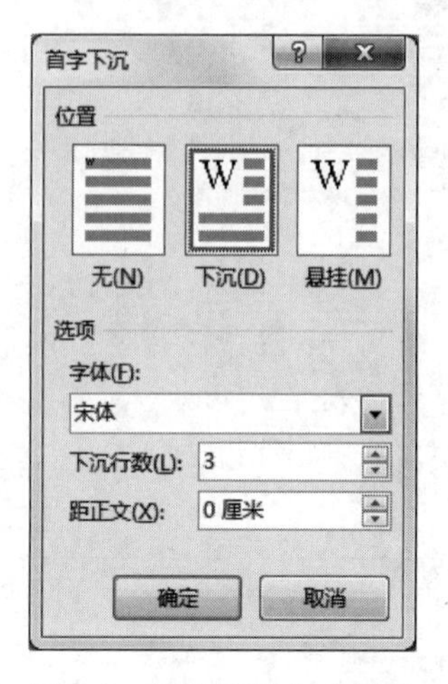

图 2-9 “首字下沉”对话框

4. 设置边框和底纹

单击“开始”选项卡，选择“段落”选项组，单击“边框”按钮右边的下三角按钮，打开“边框”列表框，如图 2-10 所示。在列表框中单击“边框和底纹”，打开“边框和底纹”对话框，如图 2-11 所示。选择“边框”选项卡可以进行边框的设置，选择“底纹”选项卡可以进行底纹的设置。

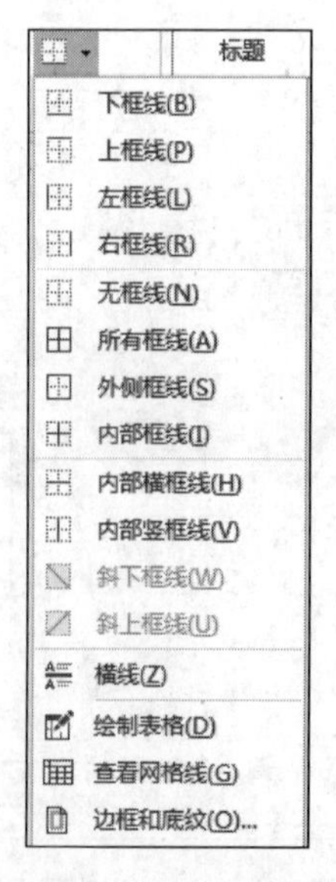

图 2-10 “边框”列表框

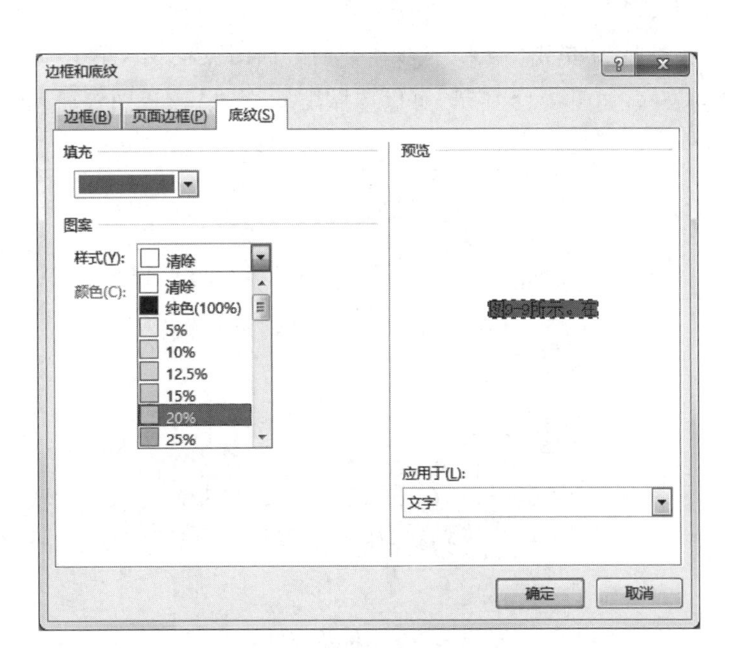

图 2-11 “边框与底纹”对话框

5. 插入“图片”“自选图形”“艺术字”以及“文本框”

◇ 插入图片。单击“插入”选项卡,选择“插图”选项组,单击“图片”按钮,打开“插入图片”对话框,如图 2-12 所示,选择图片的保存路径和文件,单击“插入”按钮即可。

图 2-12 “插入图片”对话框

◇ 插入“自选图形”。单击“插入”选项卡，选择“插图”选项组，单击“形状”按钮，打开“形状”列表框，如图 2-13 所示，可以选择线条、箭头、流程图等插入文本中。

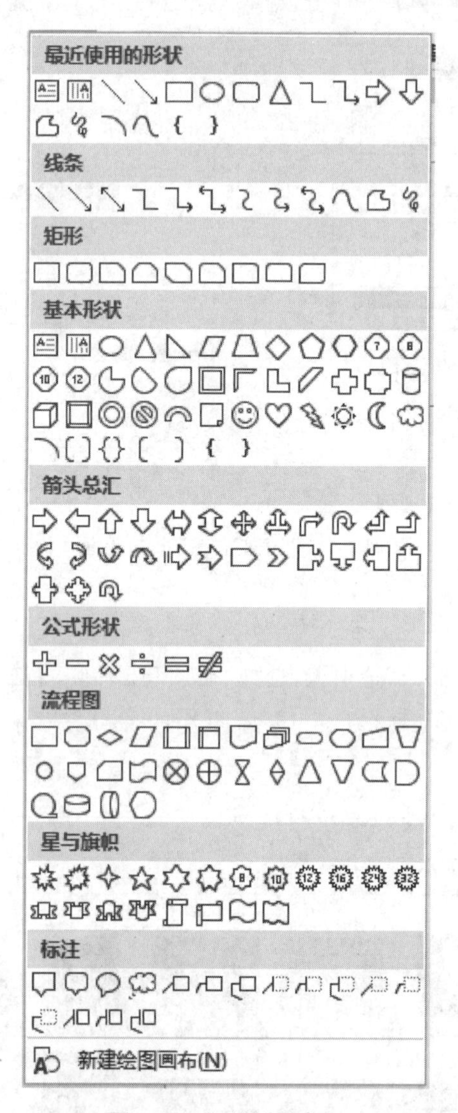

图 2-13 “形状”列表框

◇ 插入“艺术字”。单击“插入”选项卡，选择“文本”选项组，单击“艺术字”按钮，打开“艺术字”列表框可以选择不同样式的艺术字插入文本中。

◇ 插入“文本框”。单击“插入”选项卡，选择“文本”选项组，单击“文本框”按钮，打开“文本框”列表框可以选择不同样式的文本框或竖排文本框插入文本中。

2.2.4 样张

文件：D:\MyFlie\Windows 介绍. DOCX

微软操作系统发展概况

Windows 10 是微软公司研发的跨平台视窗操作系统，应用于计算机和平板电脑等设备，于 2015 年 7 月 29 日发行。Windows 10 在易用性和安全性方面有了极大的提升，除了针对云服务、智能移动设备、自然人机交互等新技术进行融合外，还对固态硬盘、生物识别、高分辨率屏幕等硬件进行了优化完善与支持。

Windows 发展概况

通过 Windows 任务栏上的“资讯和兴趣”功能，用户可以快速访问动态内容的集成馈送，如新闻、天气、体育等，这些内容在一天内更新，用户还可以量身定做自己感兴趣的相关内容来个性化任务栏。在易用性、安全性等方面进行了深入的改进与优化。针对云服务、智能移动设备、自然人机交互等新技术进行融合。

Windows 发展概况

微软在Windows 10中带回了用户期盼已久的“开始”菜单功能，并将其与 Windows 8 开始屏幕的特色相结合。单击屏幕左下角的 Windows 键打开“开始”菜单之后，你不仅会在左侧看到包含系统关键设置和应用列表，标志性的动态磁贴也会在右侧出现。

Windows 的主要版本

- ✧ Windows95/ Windows 98
- ✧ Windows NT、Windows XP
- ✧ Windows 7
- ✧ Windows 10

2.3 表格和公式的制作

2.3.1 实验目的与要求

(1) 掌握表格的建立、修改、录入，表格单元格的修改。

(2) 掌握表格的格式化操作。

(3) 掌握公式编辑器的使用。

2.3.2 实验内容

1. 绘制一个课程表

(1) 输入标题“课程表”,二号、楷体、粗体、下画线、居中对齐。

(2) 按样张绘制课程表,宋体、五号、普通、居中对齐。

(3) 将“数学”课用浅色上斜线的图案填充。

2. 绘制一张成绩单

(1) 输入标题“成绩单”,三号、楷体、粗体、下画线、居中对齐。

(2) 按样张绘制成绩单,宋体、五号、普通、居中对齐。

(3) 利用表格菜单中的公式计算总分和平均分,保留 2 位小数。将不及格的成绩用红色底纹表示出来。

(4) 设置表格样式为“清单表－着色 2”。

3. 输入公式

$$\left\| \frac{x^2}{y_m} \cdot \sqrt{Q_N^P} \cdot \oiiint F_X \mathrm{d}x \cdot \sum_{m=1}^{N} \frac{\alpha}{\beta_m} \cdot K_\Omega^\Theta \right\|$$

4. 将文件以“表格和公式 DOC”保存到“D:\MyFile”文件夹中

2.3.3 操作提示

(1) 课程表的表头是斜线表头,Word 2016 不提供斜线表头的功能,可以自行设计。斜线使用插入“形状”功能实现,表头中的文字需要通过插入无边框文本框实现。

(2) 成绩单的总分和平均分的计算需要插入公式完成。单击“表格工具”选项卡,在“布局”选项组中单击“公式”按钮,打开“公式”对话框,如图 2-14 所示。在“公式”文本框中输入公式或粘贴相应的函数即可。

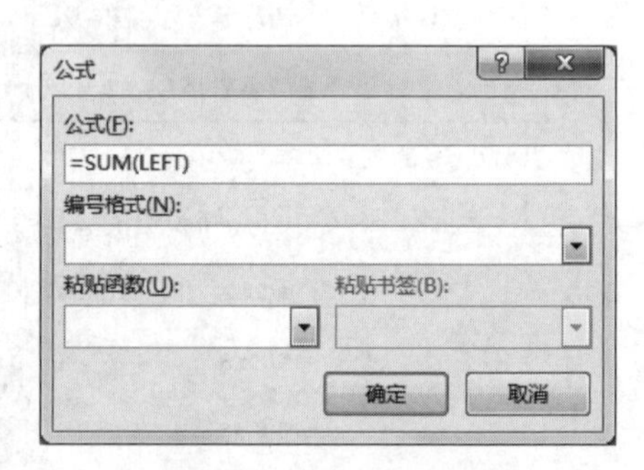

图 2-14 “公式”对话框

注意:公式一定要以“＝”开头,例如,输入“＝sum(A2:C2)”,该公式的含义是,计算 A2、B2、C2 的和。

(3) 公式的编辑使用 Word 的公式编辑器。单击菜单“插入”选项卡,选择“符号”选项组,单击“公式”按钮,在打开的列表框中单击“插入新公式”,打开“公式工具”选项卡,利用其中的选项可以完成公式的输入,如图 2-15 所示。

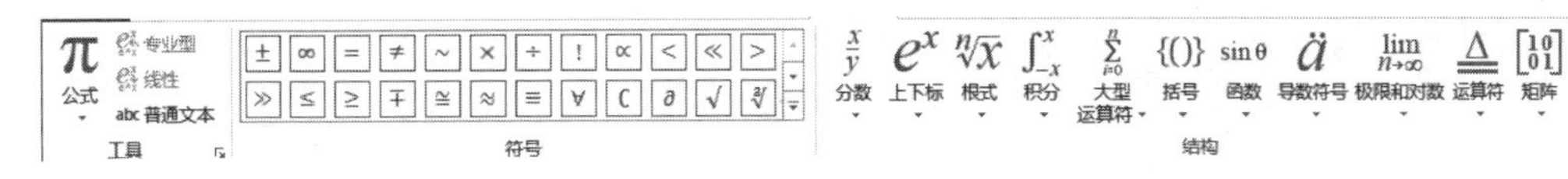

图 2-15　“公式”选项卡

2.3.4　样张

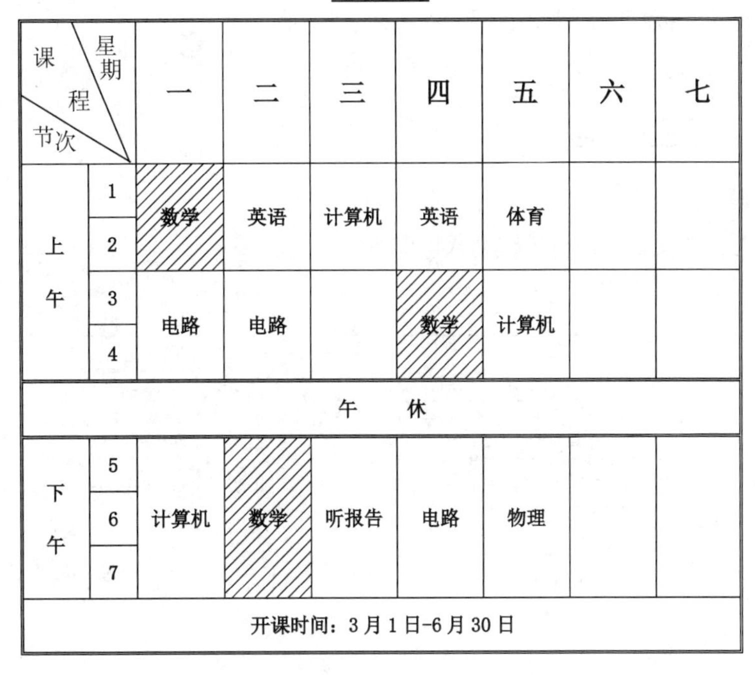

课程表

课程 星期 节次		一	二	三	四	五	六	七
上午	1	数学	英语	计算机	英语	体育		
	2							
	3	电路	电路		数学	计算机		
	4							
午　休								
下午	5	计算机	数学	听报告	电路	物理		
	6							
	7							
开课时间：3 月 1 日-6 月 30 日								

成绩单

姓名	语文	数学	英语	总分	平均
孙敏	96	55	95	246	82.00
李红	86	75	71	232	116
赵军	58	76	91	225	75.00

$$\left\| \frac{x^2}{y_m} \bullet \sqrt{Q_N^P} \bullet \oiiint F_X \mathrm{d}x \bullet \sum_{m=1}^{N} \frac{\alpha}{\beta_m} \bullet K_\Omega^\Theta \right\|$$

2.4 Word 综合测试

2.4.1 实验目的

(1) 掌握 Word 文档的基本编辑操作,包括删除、修改、插入、复制与移动。

(2) 掌握 Word 格式与版面的基本设置操作,包括文字字体设置和段落格式设置。

(3) 熟悉并掌握 Word 文档各种修饰的基本设置操作,包括文字的修饰和段落整理。

(4) 熟悉并掌握 Word 文档的图形图像处理功能。

(5) 掌握文档的页面设置及打印的方法。

2.4.2 实验内容与要求

制作一段图文并茂的 Word 文档。

(1) 新建一个文档,页面设置为 A4 纸,竖排,页边距为上、下 2 厘米,左、右 3 厘米。

(2) 输入下面两段文字。

Windows 10操作系统↵
微软公司研发的Windows 10操作系统是一种跨平台视窗操作系统，它应用于计算机和平板电脑等设备，Windows 10于2015年7月29日发行。Windows 10在易用性和安全性方面有了极大的提升，除了针对云服务、智能移动设备、人机交互等新技术进行融合外，还对固态硬盘、高分辨率屏幕等硬件进行了优化完善与支持。通过 Windows 任务栏上的“资讯和兴趣”功能，用户可以快速访问动态内容的集成馈送，如新闻、天气、体育等，这些内容在一天内更新。在易用性、安全性等方面进行了改进与优化。针对云服务、智能移动设备、自然人机交互等新技术进行融合。↵

(3) 为了减少文字录入工作量,用复制的方法将上述第二段文字复制产生三段正文,格式为宋体、五号、黑色。

(4) 以“ ** (姓名)文件 1.DOCX”为文件名将文档保存。

(5) 将文字“Windows 10 操作系统”作为标题,格式为隶书、一号字体、加粗、下画线、居中、红色。

(6) 第一段正文设置为首字下沉 3 行,分为等宽三栏,中间有分割线。在第一段正文中插入两幅图片,左边图片的版式为“紧密型环绕”,右边图片的版式为“衬于文字下方”。

(7) 第二段正文设置要求如下。

① 将段中第 1 句(用句号来区分)文字设置为小四号字体、加粗、加着重号、文字放大 150%。

② 将段中第 2～3 句文字设置为小四号字体、加红色双波浪下画线。

③ 将段中第 4 句文字设置为小四号字体、加粗、文字放大 150%,加方框,线形为波浪线,底纹设置为黄色,并用 15%的图案填充。

④ 将段中第 5～6 句文字设置为四号字体、斜体、加双下画线。

(8) 插入一个竖排的带阴影效果的文本框,文本框大小为高 6 厘米,宽 5 厘米,颜色填充为橙色半透明,字体颜色为蓝色,外框线形为方点虚线、粗细为 4 磅。

（9）向文本框中复制文字“Windows 10 操作系统”，四号字体，并如样张所示加项目符号。

（10）复制文字“操作系统”，在第二段正文和第三段正文之间另作一段，并设置为带圈文字，见样张。

（11）在文档的左下方插入两个相同的艺术字，艺术字格式自定，位置见样张。

（12）在文档的右下方利用自选图形中的基本形状心形绘制一个四瓣花朵，并设置颜色填充为粉色、线形为双线，位置见样张。

（13）输入页眉和页脚“Windows 10 操作系统”，页脚为文件名，五号字体、居中。

（14）确认文档的设置满足要求后进行打印，版面可以自行设计，设计要求：布局合理、美观。

2.4.3　样张

Windows 10 操作系统

Windows 10 操作系统

微软公司研发的Windows 10操作系统是一种跨平台视窗操作系统，它应用于计算机和平板电脑等设备。Windows 10于2015年7月29日发行。Windows 10在易用性和安全性方面有了极大的提升，除了针对云服务、智能移动设备、人机交互等新技术进行融合外，还对固态硬盘、高分辨率屏幕等硬件进行了优化完善与支持。通过Windows任务栏上的“资讯和兴趣”功能，用户可以快速访问动态内容的集成馈送，如新闻、天气、体育等，这些内容在一天内更新。在易用性、安全性等方面进行了改进与优化。针对云服务、智能移动设备、自然人机交互等新技术进行融合。

微软公司研发的Windows 10操作系统是一种跨平台视窗操作系统，它应用于计算机和平板电脑等设备。Windows 10于2015年7月29日发行。Windows 10在易用性和安全性方面有了极大的提升，除了针对云服务、智能移动设备、人机交互等新技术进行融合外，还对固态硬盘、高分辨率屏幕等硬件进行了优化完善与支持。通过Windows任务栏上的“资讯和兴趣”功能，用户可以快速访问动态内容的集成馈送，如新闻、天气、体育等，这些内容在一天内更新。*在易用性、安全性等方面进行了改进与优化。针对云服务、智能移动设备、自然人机交互等新技术进行融合。*

微软公司研发的Windows 10操作系统是一种跨平台视窗操作系统，它应用于计算机和平板电脑等设备。Windows 10于2015年7月29日发行。Windows 10在易用性和安全性方面有了极大的提升，除了针对云服务、智能移动设备、人机交互等新技术进行融合外，还对固态硬盘、高分辨率屏幕等硬件进行了优化完善与支持。通过Windows任务栏上的“资讯和兴趣”功能，用户可以快速访问动态内容的集成馈送，如新闻、天气、体育等，这些内容在一天内更新。在易用性、安全性等方面进行了改进与优化。针对云服务、智能移动设备、自然人机交互等新技术进行融合。

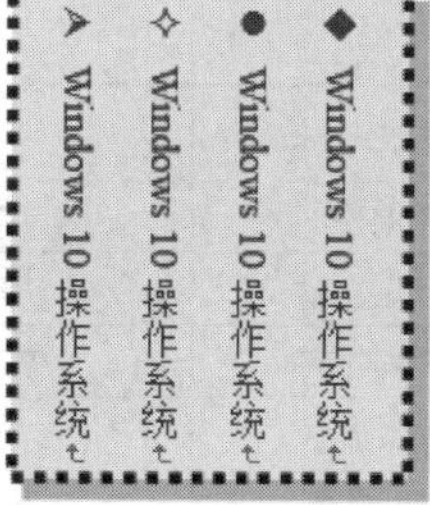

- ◆ Windows 10 操作系统
- ● Windows 10 操作系统
- ✧ Windows 10 操作系统
- ➤ Windows 10 操作系统

Windows 10 操作系统

第3章 Excel 2016电子表格软件实验

CHAPTER 3

3.1 Excel 2016 工作簿、工作表的基本操作

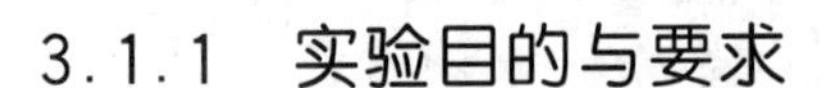

3.1.1 实验目的与要求

(1) 掌握 Excel 工作簿的建立、保存与打开。

(2) 掌握工作表的创建、删除、插入和重命名。

(3) 掌握工作表中数据的输入。

(4) 掌握工作表的复制或移动。

(5) 掌握工作表的打印输出。

3.1.2 实验内容

(1) 建立新的工作簿,文件名为"学生成绩表.xlsx",并存放在"D:\MyFile"文件夹内。

(2) 将"Sheet1"工作表更名为"数学成绩"工作表。

(3) 插入一个新工作表"第1学期成绩"。

(4) 在"数学成绩"工作表中输入数据,如表3-1所示。

表3-1 "数学成绩"工作表

学号	姓名	性别	期中成绩	期末成绩	总评成绩
090901	王浩	女	76	80	
090902	赵亮	男	87	90	
090903	周静	女	88	60	
090904	张海冰	女	50	80	
090905	胡卫东	男	70	50	
090906	李宏	男	86	90	
090907	赵瑜	女	78	87	

(5) 在第一行的前面插入一个空行,输入标题“2023级计算机班数学成绩”。

(6) 复制“数学成绩”工作表到新工作表中,并将其更名为“数学单项成绩”工作表,然后删除“总评成绩”列。

(7) 将“数学单项成绩”工作表与“数学成绩”工作表交换位置。

(8) 页面设置:左右页边距均为2厘米,上下页边距各2.5厘米,添加页眉“学生成绩表”。

(9) 将“数学单项成绩”工作表打印输出。

(10) 将“数学成绩”工作表除最后一列的区域设置为打印区域并打印预览。

3.1.3 操作提示

1. 建立新的工作簿“学生成绩表.xlsx”

(1) 单击菜单“文件”→“新建”,弹出“新建”对话框,选择“空白工作簿”。此时新建的工作簿带有1个工作表“Sheet1”,此“Sheet1”也为当前工作表。

(2) 单击菜单“文件”→“保存”,弹出“另存为”对话框,在“文件名”文本框中输入“学生成绩表”。单击“保存”按钮,将“学生成绩表.xlsx”保存在“D:\MyFile”文件夹内。

2. 将“Sheet1”工作表更名为“数学成绩”工作表

双击“Sheet1”工作表标签,使其反相显示,输入“数学成绩”,按回车键结束。

3. 插入一个新工作表“第1学期成绩”

单击“Sheet1”工作表标签右侧的“插入工作表”按钮 ⊕,在工作表标签“Sheet1”后可以看到自动插入的新工作表“Sheet2”,然后将该工作表重命名为“第1学期成绩”。

4. 在“数学成绩”工作表中输入数据

在工作表中输入数据时,只需选中相应的单元格输入数据,输入数据时注意选择合理的数据格式,例如输入学号“090101”,应键入“’090101”。

5. 在第一行的前面插入一个空行并输入标题“2023级计算机班数学成绩”

将光标定位在表格的第一行,打开“开始”选项卡,选择“单元格”选项组中的“插入”,在级联菜单中选择“插入工作表行”,则选中单元格所在行向下移动一行,在A1单元格中输入“2023级计算机班数学成绩”。

6. 复制工作表

复制“数学成绩”工作表,并将其更名为“数学单项成绩”工作表,然后删除总评成绩列。

(1) 右击“数学成绩”工作表标签,在弹出的快捷菜单中单击“移动或复制工作表”,弹出“移动或复制工作表”对话框,如图3-1所示。

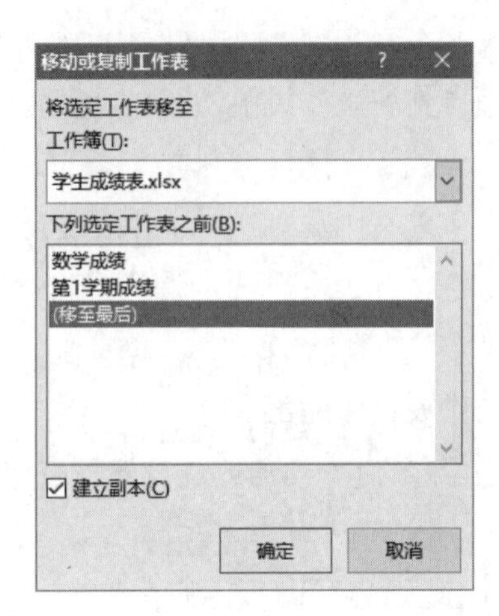

图 3-1 “移动或复制工作表”对话框

(2) 在“工作簿”下拉框中仍然选择“数学成绩.xlsx”(即本工作簿内复制),在“下列选定工作表之前”列表框中选择“移至最后”,勾选“建立副本”复选框,单击“确定”按钮。

(3) 双击“数学成绩(2)”工作表标签,使其反相显示,输入“数学单项成绩”,按回车键结束。

7. 将“数学单项成绩”工作表与“数学成绩”工作表交换位置

只需用鼠标拖曳其中一个工作表,将其移到相应的位置。

8. 页面设置

左右页边距均为2厘米,上下页边距各2.5厘米,添加页眉“学生成绩表”。

单击“页面布局”选项卡,单击“页面设置”选项组右下角的对话框启动按钮,打开“页面设置”对话框,如图3-2所示,然后输入相应的参数即可。

9. 将“数学单项成绩”工作表打印输出

(1) 单击菜单“文件”,在展开的界面中单击“打印”,出现“打印”对话框,可以在其右侧的窗口查看实际打印效果,如图3-3所示。

(2) 在“打印”对话框中,单击“打印”按钮,开始打印。

10. 将“数学成绩”工作表除最后一列的区域设置为打印区域并打印预览

(1) 选中“数学成绩”工作表,选中区域“A1:E9”。

(2) 打开“页面布局”选项卡,单击“页面设置”选项组中的“打印区域”下拉按钮,在级联菜单中选择“设置打印区域”,如图3-4所示。

(3) 打开“页面布局”选项卡,单击“页面设置”选项组右下角的对话框启动按钮,打开“页面设置”对话框,单击“打印预览”按钮,对打印效果进行预览。

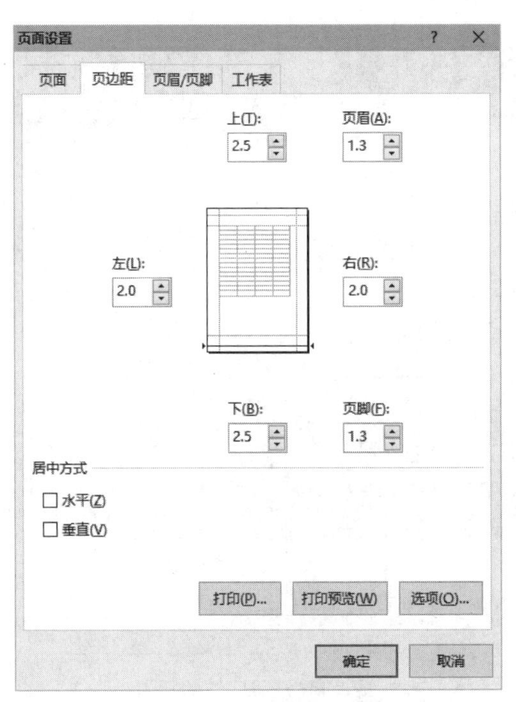

图 3-2　“页面设置”对话框

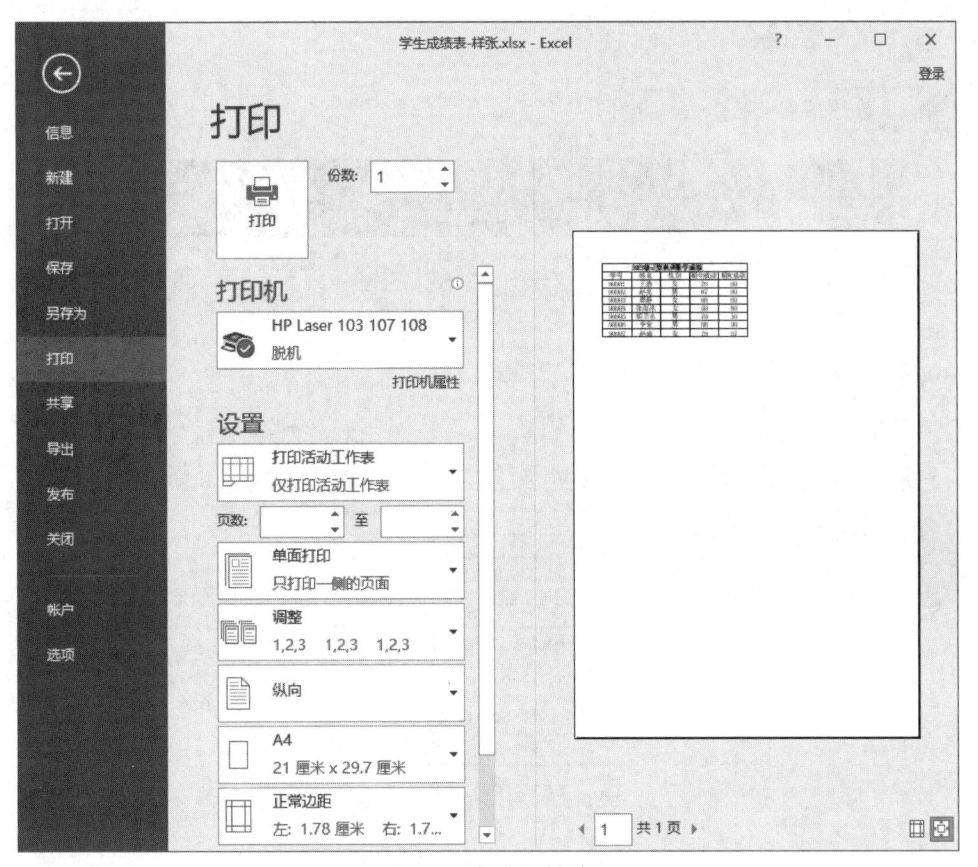

图 3-3　“打印”对话框

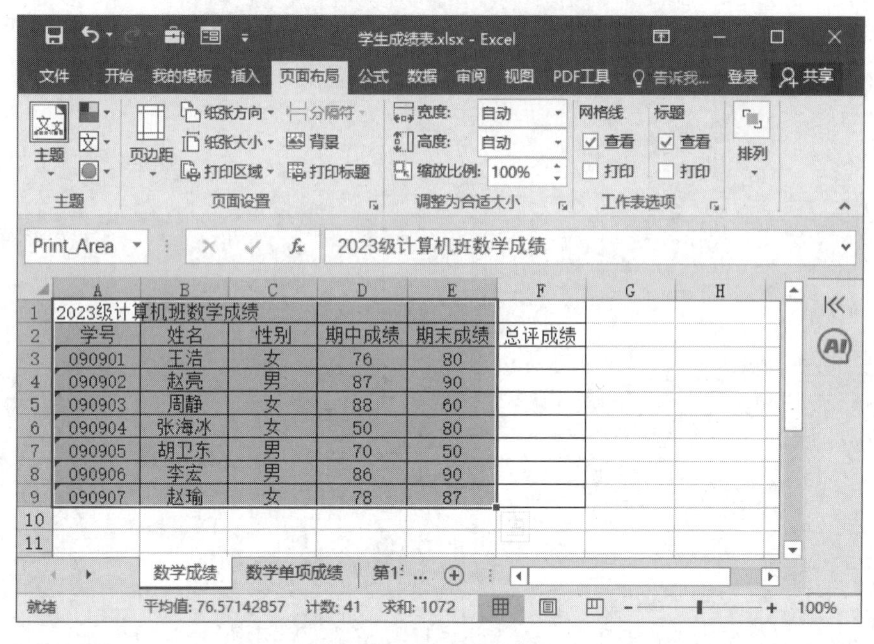

图 3-4 打印区域的设置

3.1.4 样张

(1)“数学成绩”工作表,如图 3-5 所示。

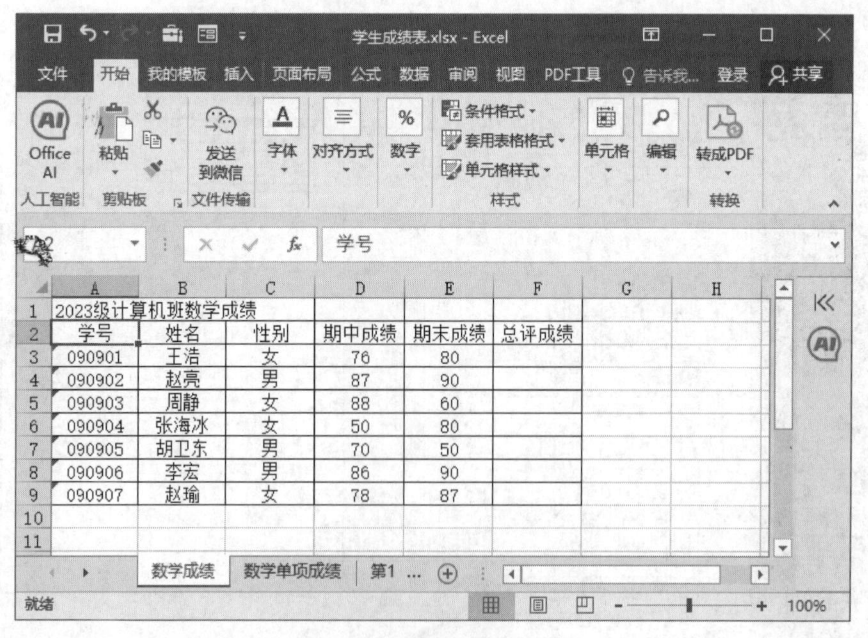

图 3-5 “数学成绩”工作表

(2)“数学单项成绩”工作表,如图 3-6 所示。

	A	B	C	D	E
1	2023级计算机班数学成绩				
2	学号	姓名	性别	期中成绩	期末成绩
3	090901	王浩	女	76	80
4	090902	赵亮	男	87	90
5	090903	周静	女	88	60
6	090904	张海冰	女	50	80
7	090905	胡卫东	男	70	50
8	090906	李宏	男	86	90
9	090907	赵瑜	女	78	87

图 3-6 “数学单项成绩”工作表

3.2 Excel 工作表的编辑与格式化

3.2.1 实验目的与要求

(1) 掌握工作表数据的编辑、修改。

(2) 掌握单元格数据的填充方法。

(3) 掌握为单元格添加批注的方法。

(4) 掌握工作表格式的设置。

(5) 熟悉使用条件格式。

3.2.2 实验内容

以下操作均以“学生成绩表.xlsx”文件为工作文件。按要求完成下列操作:

(1) 在“数学成绩”工作表中的“性别”列之后插入一列“专业”。

(2) 将所有学生的专业设置为“计算机”。

(3) 将第 1 行标题“2023 级计算机班数学成绩”所在单元格区域合并,设置标题文字为 18 磅红色字、加粗、水平和垂直居中。

(4) 将表格文字设置为 12 磅、宋体、居中。

(5) 查找“胡卫东”同学并加上批注“2023 级重修同学”。

(6) 设置行高和列宽：将单元格的高度设置为 15，列宽设置为 8。

(7) 为“数学成绩”工作表设置背景。

(8) 在“数学成绩”工作表中设置条件格式为：期末成绩大于或等于 90 分，显示为绿色；期末成绩小于 60 分，显示为红色。

(9) 计算出总评成绩。其中，总评成绩＝期中成绩×0.3＋期末成绩×0.7。

(10) 将“数学成绩”工作表中学生的学号、姓名以及总评成绩复制到“第 1 学期成绩”工作表中，并将“总评成绩”改为“数学”。

3.2.3 操作提示

1. 在“数学成绩”工作表中的“性别”列之后插入一列“专业”

单击“性别”下一列的任意一个单元格，单击“开始”选项卡，选择“单元格”选项组中的“插入”，在级联菜单中选择“插入工作表列”，即可插入一列，然后在作为列名的单元格(D2)中输入“专业”，如图 3-7 所示。

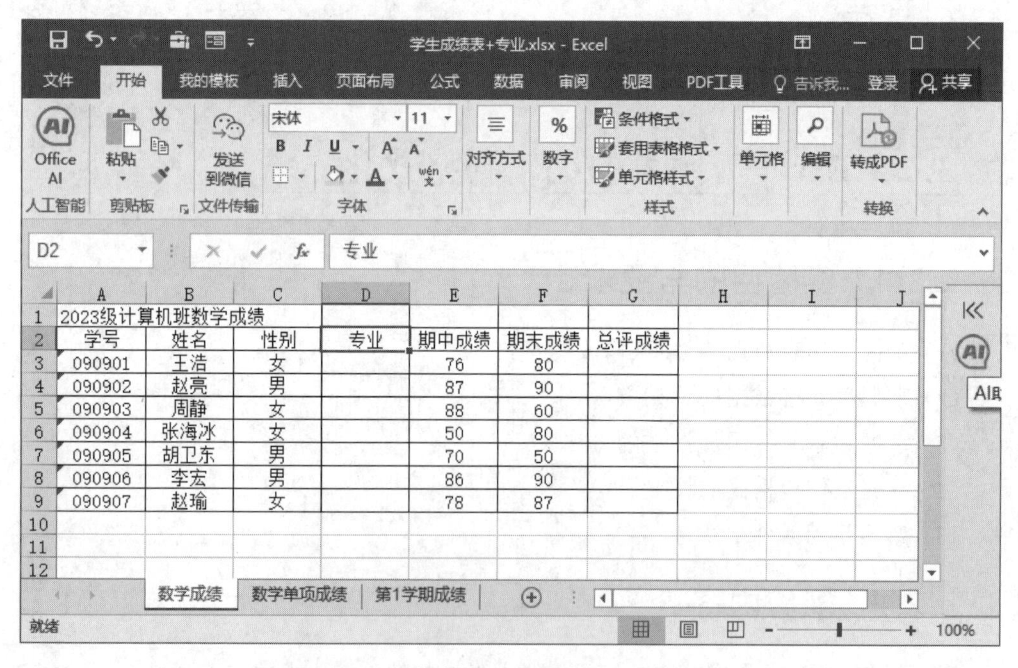

图 3-7 “数学成绩”工作表中插入“专业”列

2. 将所有学生的专业设置为“计算机”

(1) 首先在“专业”列有效区域的某个单元格中输入“计算机”。

(2) 可以用复制的方法将“计算机”添加到其他单元格中，或者先选中要输入数据的所有单元格，输入“计算机”后，按 Ctrl＋Enter 键。可以用这种方法在连续的单元格中输入多个同样的数据。此外，还可以用填充的方法完成，只需将鼠标移到“计算机”所在单元格右下角填充柄上，使鼠标指针变为实心“+”形状，然后拖动鼠标向下进行填充。

3. 将第1行标题“2023级计算机班数学成绩”所在单元格区域合并

(1) 选中表格第一行，单击“开始”选项卡，选择“对齐方式”选项组中的合并单元格按钮 合并单元格(M)，将单元格合并。

(2) 设置标题文字为18磅红色字、加粗、水平和垂直居中。

4. 将表格文字设置为12磅、宋体、居中

(1) 选中要设置格式的文字，单击“开始”选项卡，选择“单元格”选项组中的“格式”，在级联菜单中选择“设置单元格格式”，打开“设置单元格格式”对话框，如图3-8所示，选择“字体”选项卡，然后设置所需要的格式，如图3-9所示。

(2) 在“设置单元格格式”对话框中选择“对齐”选项卡，设置对齐格式，如图3-8所示。

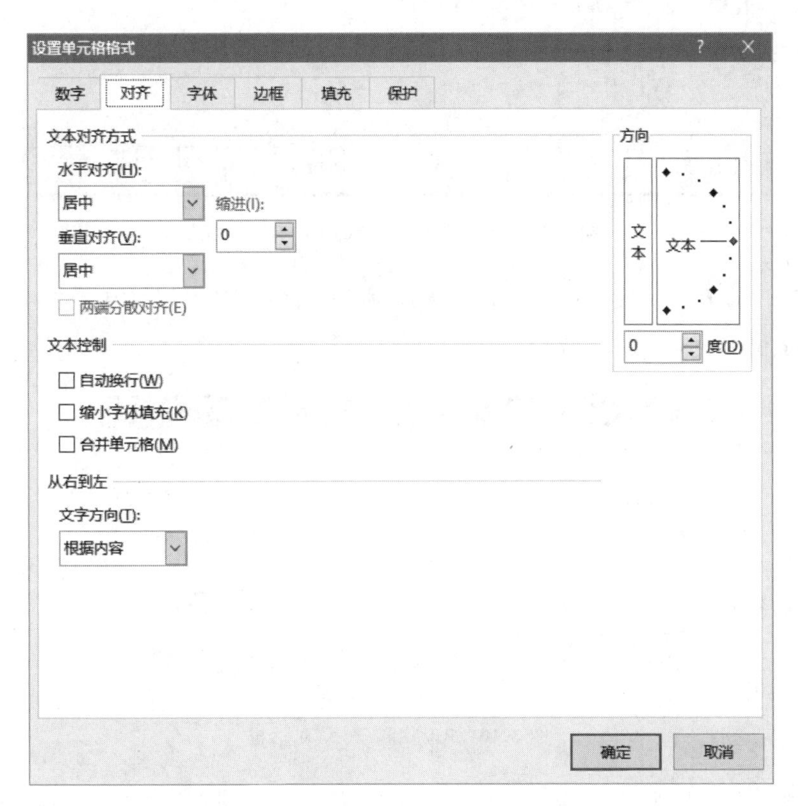

图3-8 “设置单元格格式—对齐”对话框

5. 查找“胡卫东”同学并加上批注“2023级重修同学”

(1) 选择“开始”选项卡，单击“编辑”选项组中的“查找和选择”，在级联菜单中选择

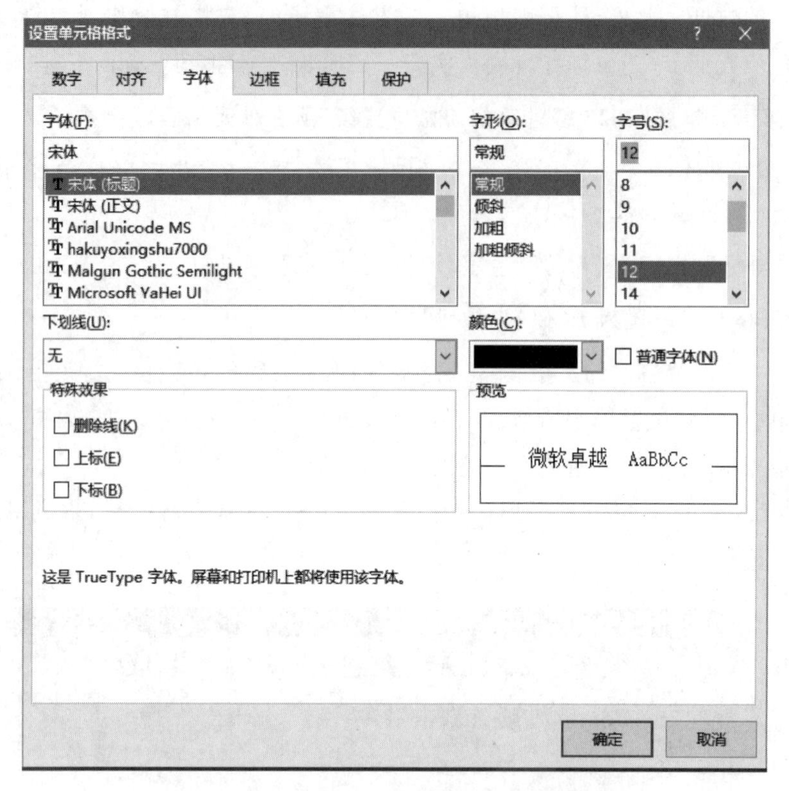

图 3-9 “设置单元格格式—字体”对话框

“查找”,打开“查找和替换”对话框,如图 3-10 所示,输入需查找的关键字“胡卫东”,就可以将光标定位于相应的单元格上。

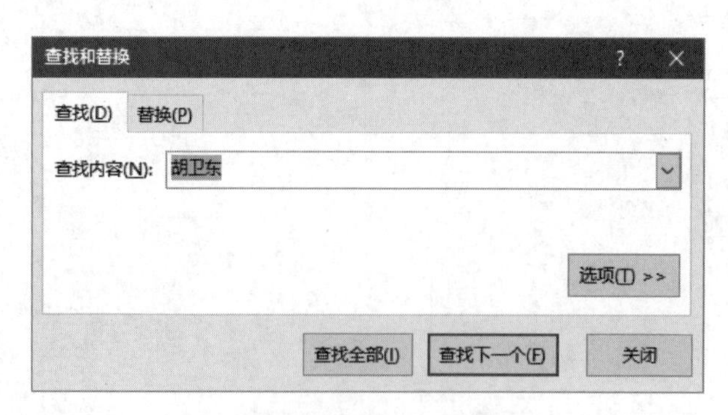

图 3-10 “查找和替换”对话框

(2) 单击“审阅”选项卡,单击“批注”选项组中的“新建批注”按钮,则在选定的单元格右侧弹出一个批注框,在此框中输入“2023 级重修同学”。输入完成后,返回工作表中,这时该单元格右上角显示一个红色小三角标记符号,添加了“批注”的单元格如图 3-11 所示。

图 3-11 添加“批注”

6. 设置行高和列宽

将单元格的高度设置为 15，列宽设置为 8。

选中需要设置高度和宽度的单元格区域，然后单击“开始”选项卡，选择“单元格”选项组中的“格式”，在级联菜单中选择“单元格大小→行高”，在弹出的对话框中设置“行高＝15”，同样可进行单元格列宽的设置。

7. 为“数学成绩”工作表设置背景

(1) 单击“页面布局”选项卡，单击“页面设置”选项组中的“背景”按钮，打开“工作表背景”对话框，如图 3-12 所示。

(2) 选择所需要图片文件的文件夹和文件名，单击“插入”按钮即可。

8. 在“数学成绩”工作表中设置条件格式

条件格式为：期末成绩大于或等于 90 分，显示为绿色；期末成绩小于 60 分，显示为红色。

(1) 选定要设定格式的单元格区域，单击“开始”选项卡，选择“样式”选项组中的“条件格式”，在级联菜单中选择“突出显示单元格规则”→“其他规则”，打开“新建格式规则”对话框，如图 3-13 所示。

(2) 在“编辑规则说明”中设置条件“单元格值大于或等于 90”，然后单击“格式”按钮，打开“设置单元格格式”对话框，设置单元格颜色为“绿色”。

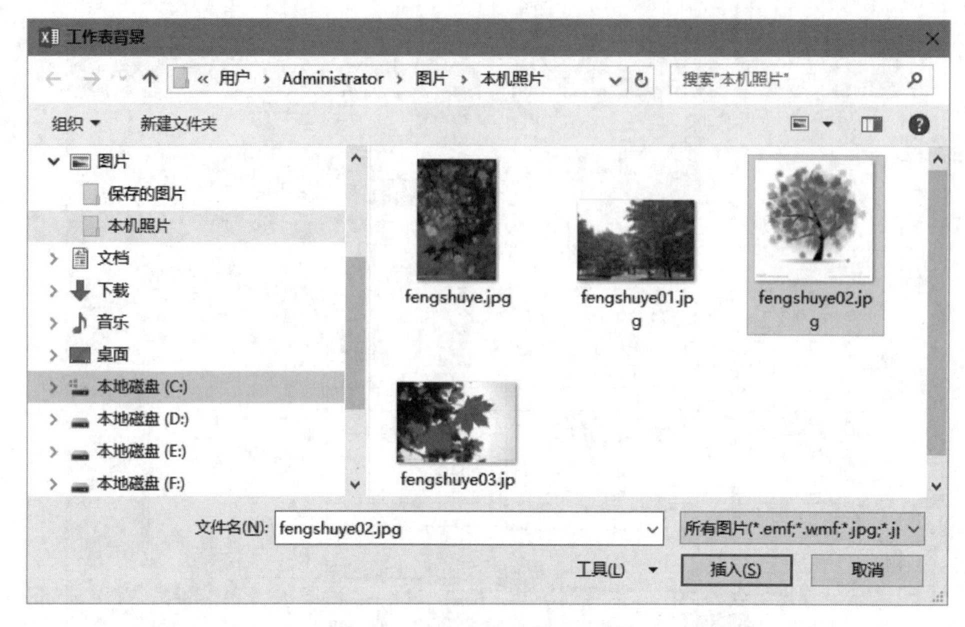

图 3-12 “工作表背景”对话框

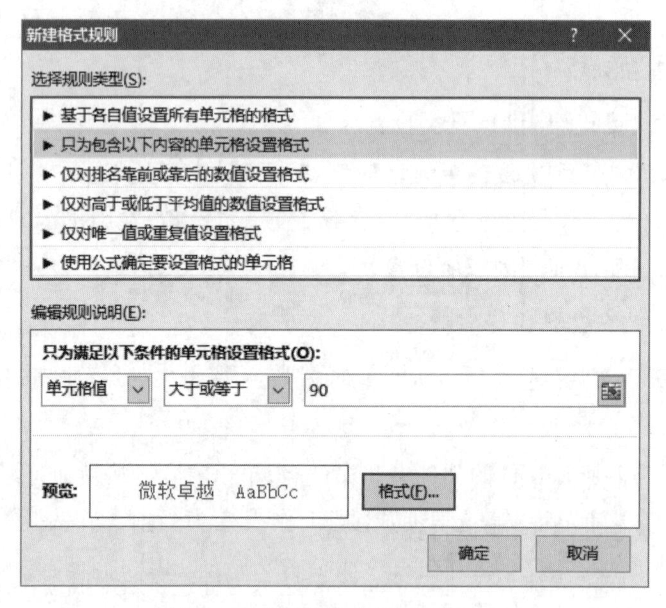

图 3-13 “新建格式规则”对话框

(3) 在“编辑规则说明”中设置条件“单元格值小于 60”,然后单击“格式”按钮,打开“设置单元格格式”对话框,设置单元格颜色为“红色”。

9. 计算出总评成绩

总评成绩=期中成绩×0.3+期末成绩×0.7。

(1) 首先将光标定位于计算添加总评成绩的单元格 G3,输入"=E3 * 0.3+F3 * 0.7",回车结束输入,则该单元格中显示根据公式计算所得的数据,如图 3-14 所示。

图 3-14 输入公式界面

(2) 然后将鼠标指针移到填充柄上,将公式填充到其他单元格中。

10. 复制工作表信息

将"数学成绩"工作表中学生的学号、姓名以及总评成绩复制到"第 1 学期成绩"工作表中,并将"总评成绩"改为"数学"。

(1) 首先选中要复制数据的单元格区域,选中连续的区域时只需直接用鼠标拖动,若选定的区域不连续,可以先选中第一个区域,然后按住 Ctrl 键,再选中其他区域。

(2) 单击"开始"选项卡,单击"剪贴板"选项组中的"复制"按钮 进行复制。

(3) 在粘贴时,首先将"第 1 学期成绩"工作表变为当前工作表,然后单击"粘贴"按钮即可。若复制的数据区域中有函数或公式,则可以用"选择性粘贴"实现数据的复制。

(4) 将"总评成绩"改为"数学"。

3.2.4 样张

(1) "数学成绩"工作表如图 3-15 所示。

(2) "第 1 学期成绩"工作表如图 3-16 所示。

G5 =E5*0.3+F5*0.7

	A	B	C	D	E	F	G
1	2023级计算机班数学成绩						
2	学号	姓名	性别	专业	期中成绩	期末成绩	总评成绩
3	090901	王浩	女	计算机	76	80	78.80
4	090902	赵亮	男	计算机	87	90	89.10
5	090903	周静	女	计算机	88	60	68.40
6	090904	张海冰	女	计算机	50	80	71.00
7	090905	胡卫东	男	计算机	70	50	56.00
8	090906	李宏	男	计算机	86	90	88.80
9	090907	赵瑜	女	计算机	78	87	84.30

图 3-15 “数学成绩”工作表

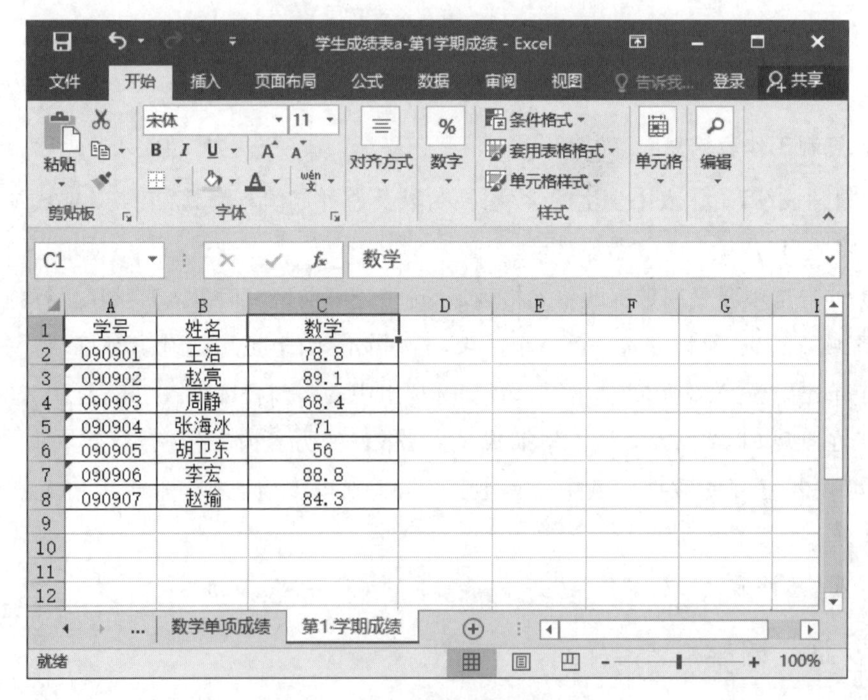

C1 数学

	A	B	C
1	学号	姓名	数学
2	090901	王浩	78.8
3	090902	赵亮	89.1
4	090903	周静	68.4
5	090904	张海冰	71
6	090905	胡卫东	56
7	090906	李宏	88.8
8	090907	赵瑜	84.3

图 3-16 “第 1 学期成绩”工作表

3.3 公式、函数、图表及数据操作

3.3.1 实验目的与要求

(1) 熟练掌握单元格地址与引用。

(2) 熟练掌握公式和函数的运用。

(3) 熟练掌握二维图表和三维图表的应用。

(4) 掌握数据的排序、筛选及分类汇总。

(5) 掌握数据透视表的使用。

3.3.2 实验内容

对工作簿“学生成绩表.xlsx”,根据要求完成下列操作:

(1) 对“数学成绩”工作表,利用公式“总评成绩=期中成绩×0.2+期末成绩×0.8”,重新计算总评成绩并保留两位小数。

(2) 添加“合计”行,分别计算“期中成绩”“期末成绩”以及“总评成绩”的总和。

(3) 添加“百分比”一列,并用“总评成绩/总评成绩总和”,计算每个同学总评成绩所占百分比。

(4) 对“第1学期成绩”工作表添加“等级”列,并按“两级分制”确定等级,大于或等于60分者为“合格”,小于60分者为“不合格”。

(5) 选择每个学生的“姓名”“期中成绩”和“期末成绩”制作三维柱形图。

(6) 选择每个学生的“姓名”和“总评成绩”制作二维饼图。

(7) 对“第1学期成绩”工作表,利用“筛选”功能查找成绩大于或等于75分的学生。

(8) 对“数学成绩”工作表按期末成绩从高到低排序。

(9) 对“数学成绩”工作表,按照“性别”统计“期中成绩”和“期末成绩”总和,利用分类汇总来实现。

(10) 对“数学成绩”工作表,分别统计电子信息、计算机两个专业中,男生、女生各有多少人,利用数据透视表来实现。

3.3.3 操作提示

1. 对“数学成绩”工作表重新计算总评成绩

利用公式“总评成绩=期中成绩×0.2+期末成绩×0.8”,重新计算总评成绩并保留两位小数。

(1) 在单元格G3中输入公式“=E3*0.2+F3*0.8”,然后将该公式向下填充至单元格G9。

(2) 选择“总评成绩”列，单击“开始”选项卡，选择“单元格”选项组的“格式”→“设置单元格格式”，打开“设置单元格格式”对话框，选择“数字”选项卡，选中“分类/数值”，将“小数位数”设置为 2 即可。

2. 添加“合计”行，分别计算“期中成绩”“期末成绩”以及“总评成绩”的总和

(1) 在单元格区域 E10 中输入函数 SUM(E3:E9)，如图 3-17 所示。

	A	B	C	D	E	F	G
1	2023级计算机班数学成绩						
2	学号	姓名	性别	专业	期中成绩	期末成绩	总评成绩
3	090901	王浩	女	计算机	76	80	79.20
4	090902	赵亮	男	计算机	87	90	89.40
5	090903	周静	女	计算机	88	60	65.60
6	090904	张海冰	女	计算机	50	80	74.00
7	090905	胡卫东	男	计算机	70	50	54.00
8	090906	李宏	男	计算机	86	90	89.20
9	090907	赵瑜	女	计算机	78	87	85.20
10	合计				=SUM(E3:E9)		
11							

图 3-17 在 E10 中输入函数 SUM(E3:E9)

(2) 将 E10 中的公式复制到区域(F10:G10)，也可以单击“公式”选项卡，选择“函数库”选项组的自动求和按钮 Σ自动求和 实现快速求和。

注意：

上面的公式中对单元格地址的引用均为地址的相对引用。

3. 添加“百分比”一列

用“总评成绩/总评成绩总和”计算每个同学总评成绩所占百分比。

(1) 在“总评成绩”后添加“百分比”列。

(2) 在 H3 中输入公式“=G3/G10”，如图 3-18 所示。

(3) 将此公式填充到区域(H4:H9)中。

注意：

上面的公式中对单元格地址的引用均为地址的绝对引用。

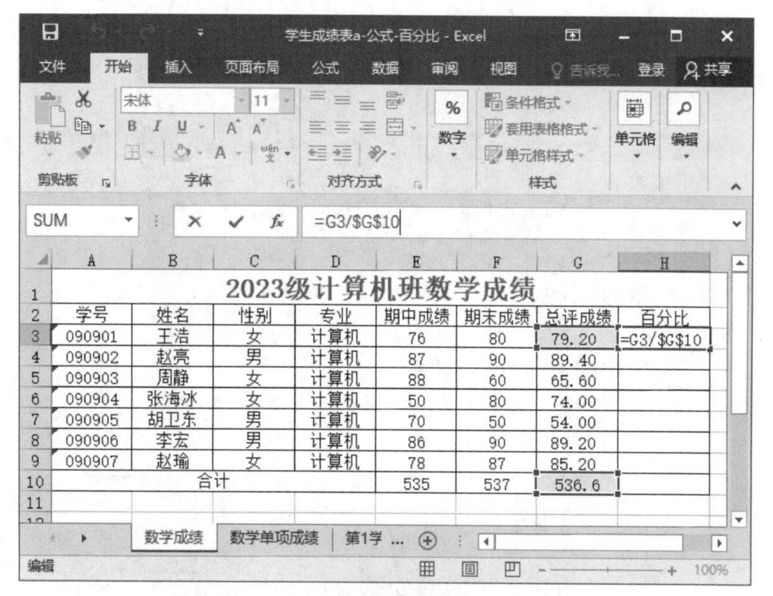

图 3-18 在 H3 中输入公式"＝G3/ $ G $ 10"

4. 添加"等级"列

对"第 1 学期成绩"工作表添加"等级"列，并按"两级分制"确定等级，大于或等于 60 分者为"合格"，小于 60 分者为"不合格"。

（1）在"总评成绩"后添加"等级"列。

（2）切换到"第 1 学期成绩"工作表，将光标定位于 C2 单元格。

（3）选择"公式"选项卡，单击"函数库"选项组的"插入函数"按钮，打开"插入函数"对话框，选择"选择函数"下拉框中的"IF"，单击"确定"按钮，打开函数参数对话框，如图 3-19 所示。

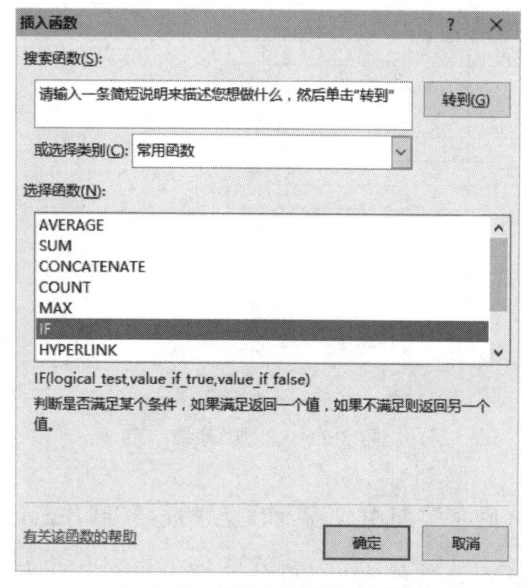

图 3-19 "插入函数"对话框

(4) 输入判断条件“C2 >=60”以及判断后所取值“合格”与“不合格”,然后单击“确定”按钮即可,如图 3-20 所示。

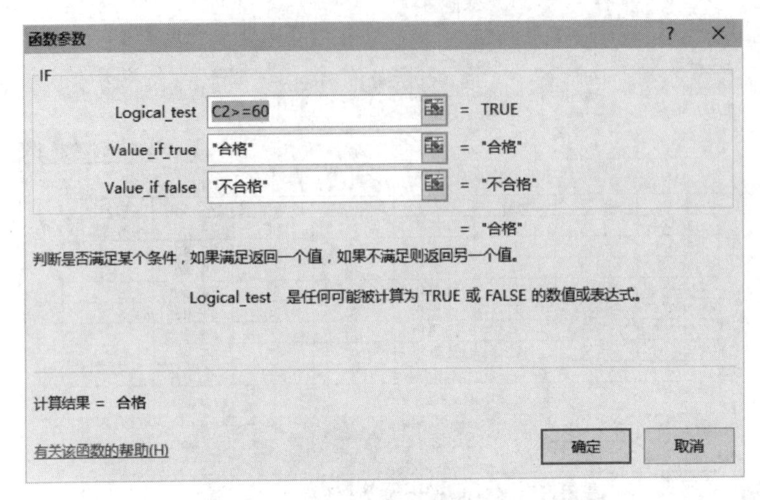

图 3-20 输入函数参数

(5) 将鼠标指针移到填充柄上,将公式填充到其他单元格中,其他单元格也完成“等级”的添加,如图 3-21 所示。

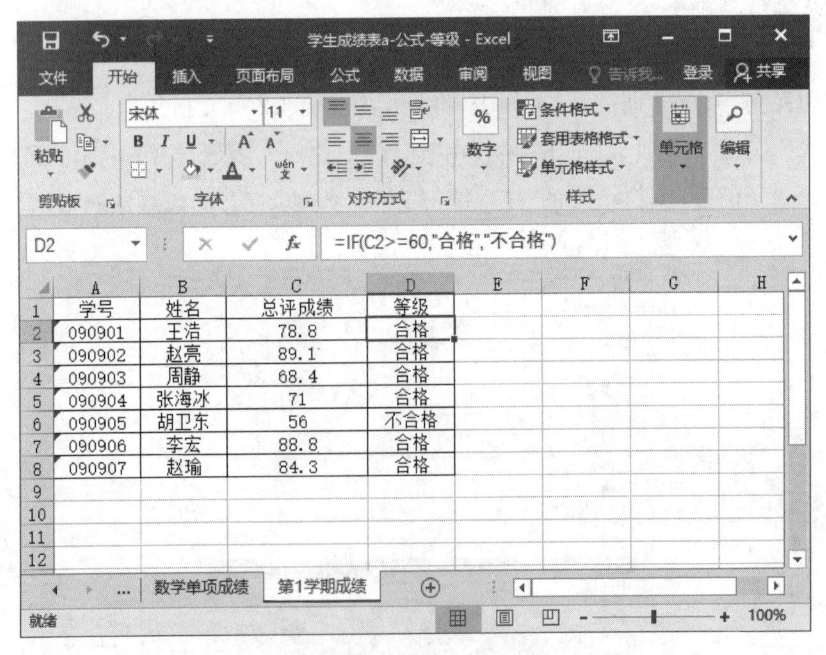

图 3-21 添加“等级”

5. 选择每个学生的“姓名”“期中成绩”和“期末成绩”制作三维柱形图

(1) 切换到“数学成绩”工作表,选中“姓名”“期中成绩”“期末成绩”3 列数据。

(2) 选择“插入”选项卡，单击“图表”选项组中的对话框启动按钮，弹出“插入图表”对话框。

(3) 选择“所有图表”选项卡，单击左侧的“柱形图”，然后在右侧的子集中选择一种图表类型，选择完毕后，单击“确定”按钮，工作表中即插入了用户需要的图表，如图 3-22 所示。

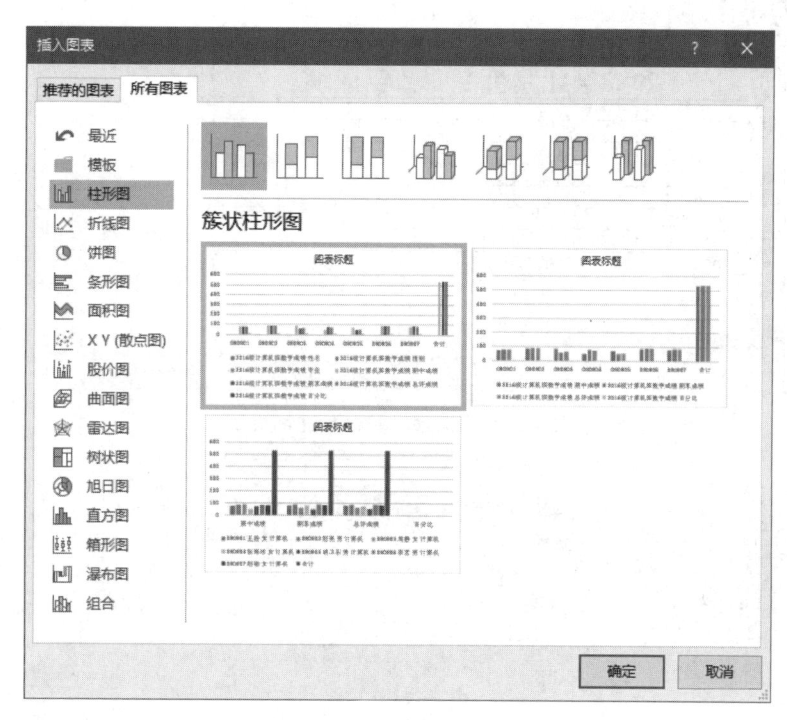

图 3-22 “插入图表”对话框

(4) 单击图表右侧的按钮 ，可以为图表添加“坐标轴标题”、图表标题，网格线等。

注意：

在制作图表时，要正确选择单元格区域。

6. 选择每个学生的“姓名”和“总评成绩”制作二维饼图

(1) 首先选择“姓名”列的数据，然后按下 Ctrl 键的同时选择“总评成绩”列的数据。

(2) 与上面操作过程类似，利用“插入图表”对话框，完成二维饼图的设计。

7. 对“第 1 学期成绩”工作表，利用“筛选”功能查找成绩大于或等于 75 分的学生

(1) 选择“第 1 学期成绩”工作表为当前工作表，将光标定位数据有效区域内。

(2) 单击“数据”选项卡，选择“排序与筛选”选项组的“筛选”按钮 ，则在表格头部自动添加了“筛选”按钮 ，如图 3-23 所示。

(3) 单击“筛选”按钮 ，并在展开的菜单中选择“数字筛选/大于或等于”，打开“自定义自动筛选方式”对话框，如图 3-24 所示。

图 3-23 添加“筛选”按钮的表

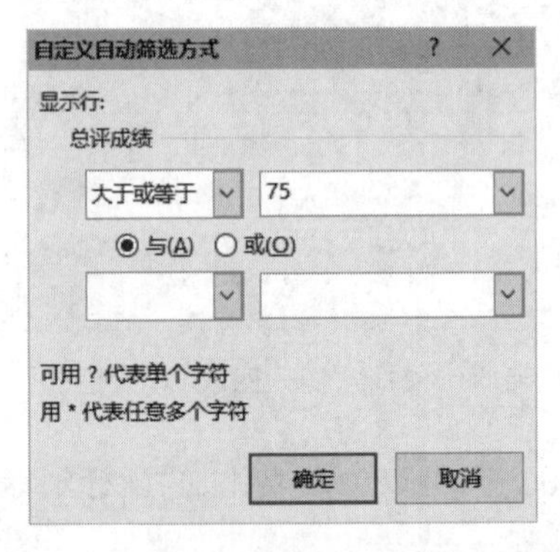

图 3-24 “自定义自动筛选方式”对话框

(4) 设置条件“总评成绩大于或等于 75”,然后单击“确定”按钮,工作表中只显示成绩大于或等于 75 的数据,而“筛选”按钮也变为,筛选后的数据如图 3-25 所示。

8. 对“数学成绩”工作表按期末成绩从高到低排序

(1) 选择“数学成绩”为当前工作表,并将光标置于有效区域。

(2) 单击“数据”选项卡,选择“排序与筛选”选项组的“排序”按钮,则打开“排序”对话框,如图 3-26 所示。

(3) 在“主要关键字”中选“期末成绩”,“次序”中选“降序”,然后单击“确定”按钮。则实现了按期末成绩从高到低的排序。

图 3-25　筛选后的数据

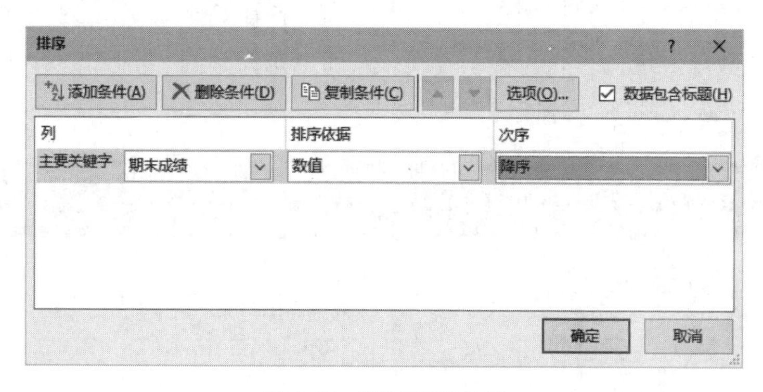

图 3-26　"排序"对话框

9. 对"数学单项成绩"工作表按照"性别"统计"期中成绩"和"期末成绩"的总和

利用分类汇总来实现。

(1) 首先按"性别"字段排序。

(2) 单击数据清单中的任意单元格。

(3) 选择"数据"选项卡,单击"分级显示"选项组中的"分类汇总"按钮,打开"分类汇总"对话框,如图 3-27 所示。

(4) 在"分类字段"下拉列表框中选择"性别"选项。

(5) 在"汇总方式"下拉列表框中选择"求和"选项。

(6) 在"选定汇总项"列表框中选中"期中成绩""期末成绩",如图 3-27 所示。

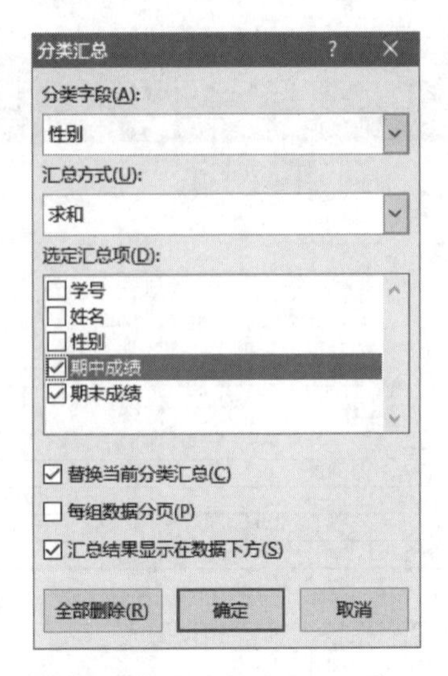

图 3-27 “分类汇总”对话框

(7) 单击“确定”按钮,分类汇总结果如图 3-27 所示。

10. 对“数学成绩”工作表进行统计

分别统计电子信息、计算机两个专业中,男生、女生各有多少人,利用数据透视表来实现。

(1) 选择“数学成绩”工作表,将李宏、赵瑜、胡卫东同学的“专业”改为“电子信息”,然后单击任意单元格,如图 3-28 所示。

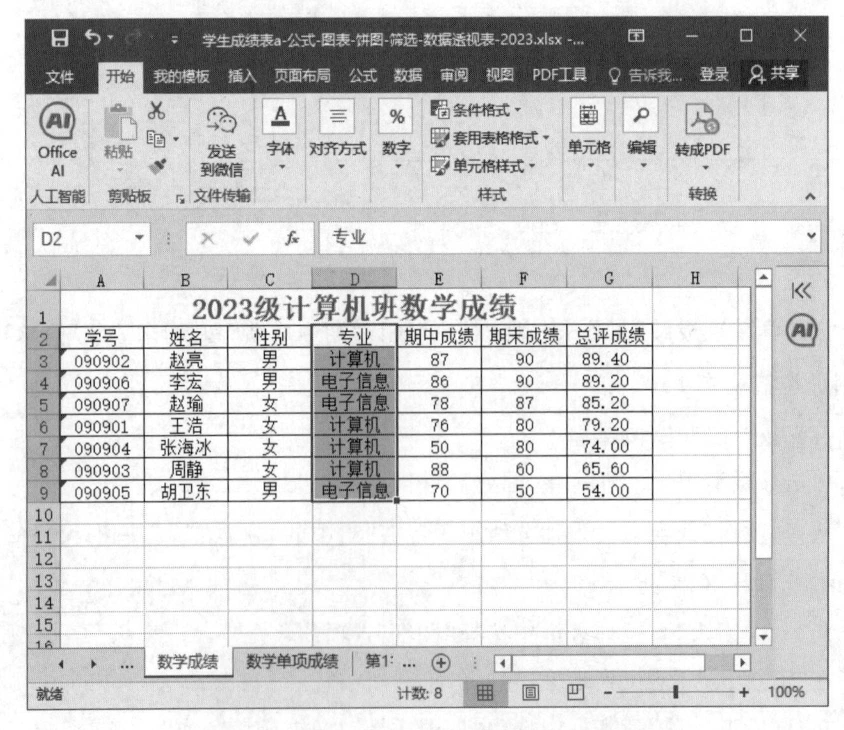

图 3-28 修改“专业”后的“数学成绩”工作表

（2）单击“插入”选项卡“表格”选项组中的“数据透视表”按钮，打开“创建数据透视表”对话框。

（3）在“创建数据透视表”对话框中“表/区域”编辑框中自动显示工作表名称和单元的引用。

（4）保持“新工作表”单选按钮的选中，表示将数据透视表放在新工作表中，如图3-29所示。

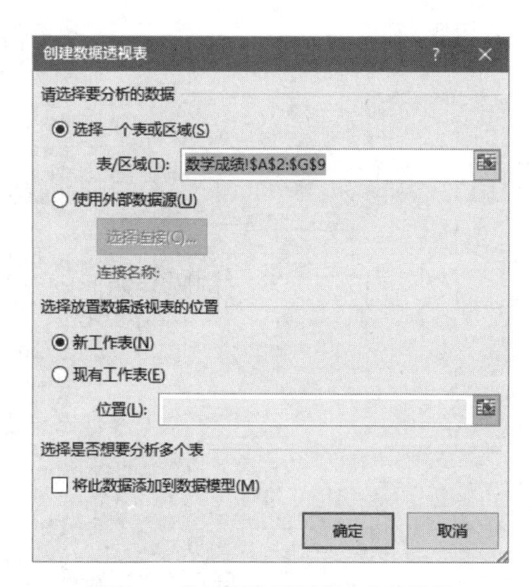

图3-29　“创建数据透视表”对话框

（5）单击“确定”按钮。

（6）在如图3-30所示的“数据透视表字段”列表窗格中将所需字段拖到相应位置：将“性别”字段拖到“列”标签区域，将“专业”字段拖到“行”标签区域，将“性别”字段拖到“值”区域。

（7）在“值”区域，单击“性别”右侧下拉箭头，选择“值字段设置”，打开“值字段设置”对话框，如图3-31所示。

（8）在对话框中“计算类型”列表框中选择“计数”。

（9）单击“确定”按钮，即可完成数据透视表的创建，效果如图3-32所示。

3.3.4　样张

（1）“数学成绩”工作表，如图3-33所示。

（2）“数学成绩”三维柱形图如图3-34所示，“总评成绩”二维饼图如图3-35所示。

（3）“数学单项成绩”分类汇总如图3-36所示。

（4）“数学成绩”数据透视表如图3-37所示。

图 3-30 选择字段

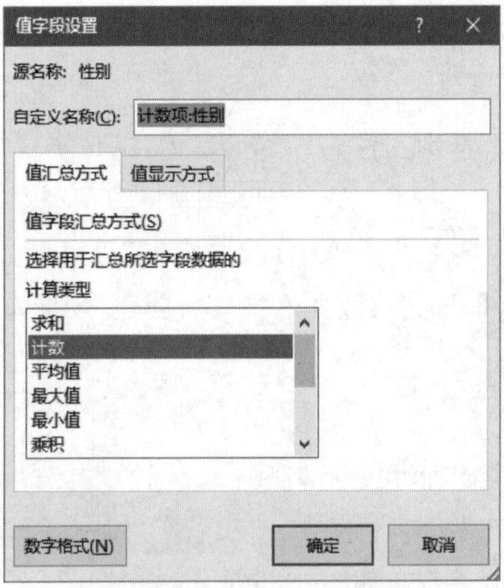

值字段设置

源名称: 性别

自定义名称(C): 计数项:性别

值汇总方式 值显示方式

值字段汇总方式(S)

选择用于汇总所选字段数据的计算类型

求和
计数
平均值
最大值
最小值
乘积

数字格式(N) 确定 取消

图 3-31 “值字段设置”对话框

图 3-32 数据透视表

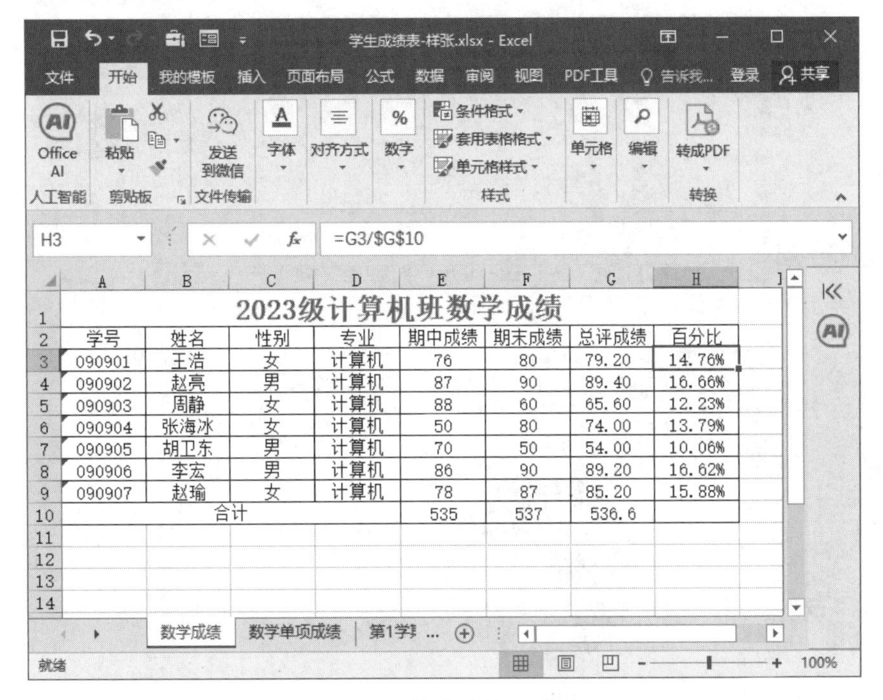

图 3-33 “数学成绩”工作表

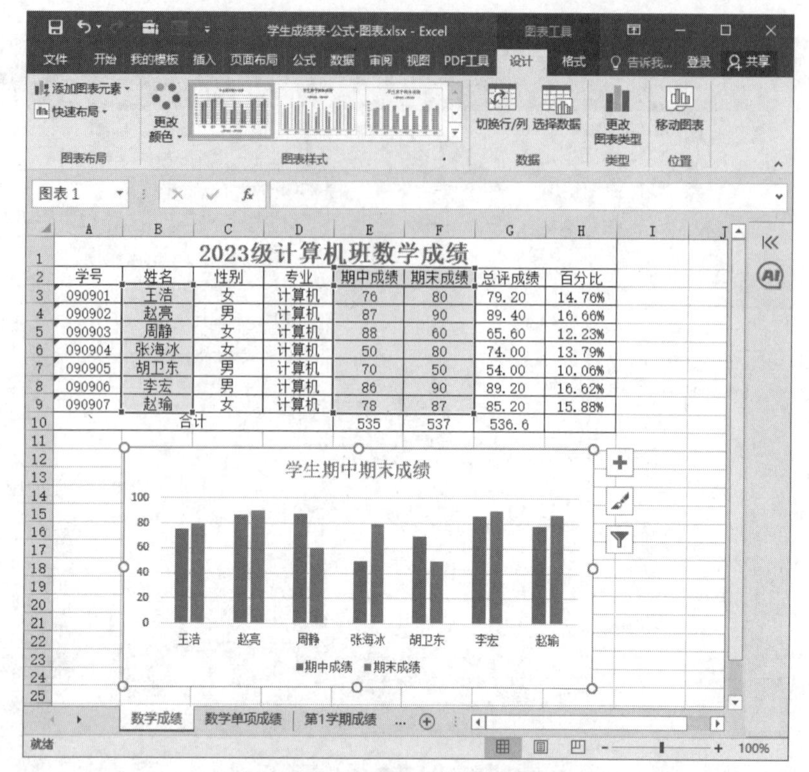

2023级计算机班数学成绩							
学号	姓名	性别	专业	期中成绩	期末成绩	总评成绩	百分比
090901	王浩	女	计算机	76	80	79.20	14.76%
090902	赵亮	男	计算机	87	90	89.40	16.66%
090903	周静	女	计算机	88	60	65.60	12.23%
090904	张海冰	女	计算机	50	80	74.00	13.79%
090905	胡卫东	男	计算机	70	50	54.00	10.06%
090906	李宏	男	计算机	86	90	89.20	16.62%
090907	赵瑜	女	计算机	78	87	85.20	15.88%
合计				535	537	536.6	

图 3-34 “数学成绩”三维柱形图

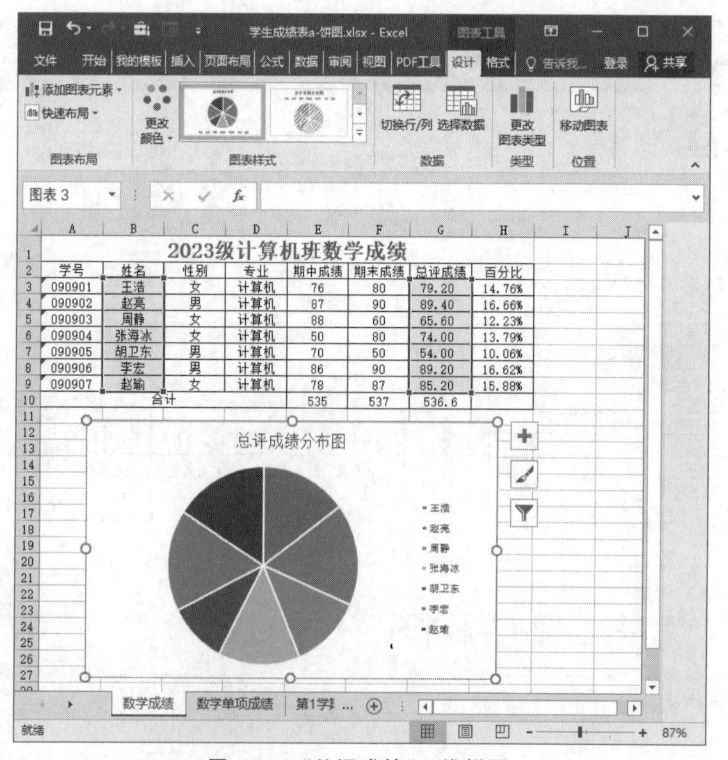

图 3-35 “总评成绩”二维饼图

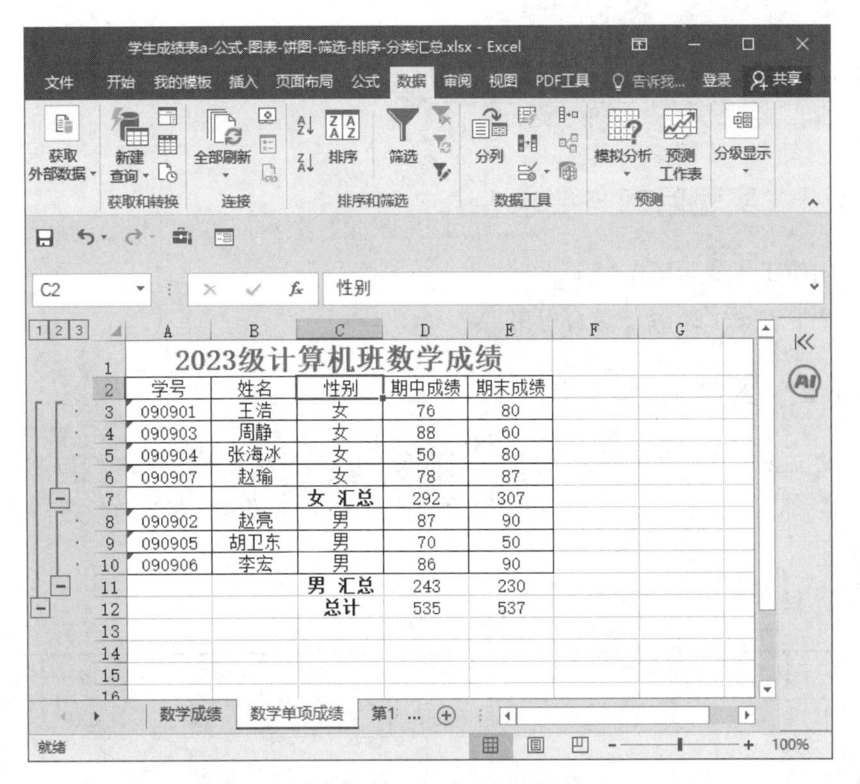

图 3-36 “数学单项成绩”分类汇总

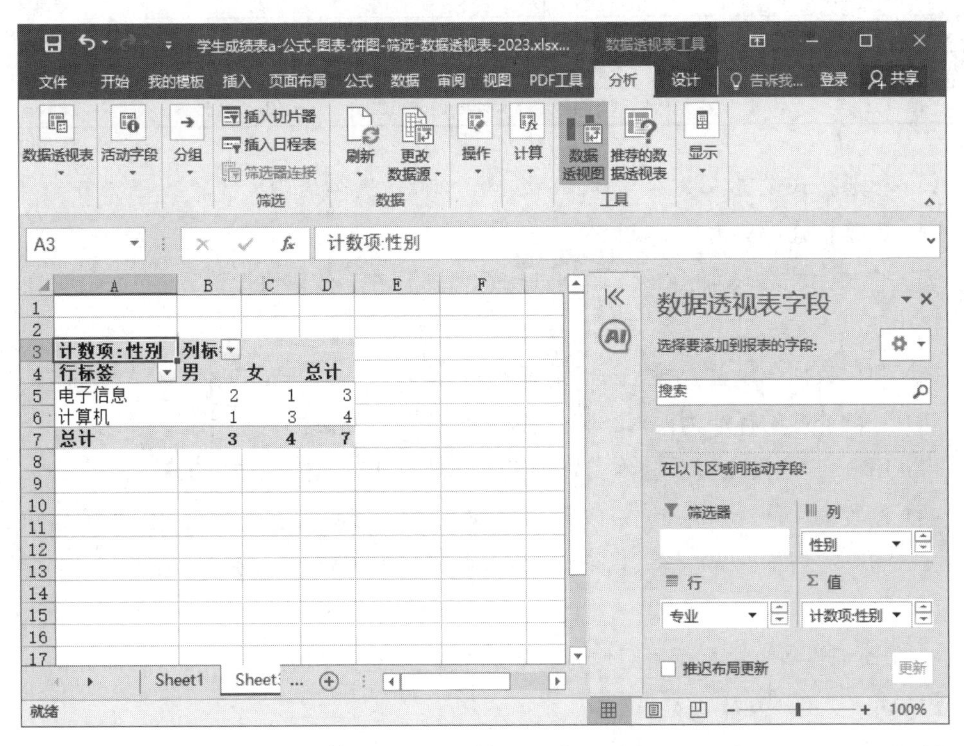

图 3-37 “数学成绩”数据透视表

3.4 Excel 综合测试

3.4.1 实验目的与要求

(1) 创建工作簿和工作表。

(2) 掌握 Excel 2016 的综合运用。

3.4.2 实验内容

(1) 建立一个工作簿文件名为“职工工资表.xlsx”,并保存在“D:\MyFlie”文件夹下。

(2) 在“职工工资表.xlsx”文件中建立“1 月份工资”工作表,存放的数据清单字段名如表 3-2 所示。

表 3-2 1 月份工资表

职工号	姓名	工龄	基本工资	工龄补贴	扣除	应发工资	税率	实发工资
A001	陈明	11	1250	440	157	1533	0.03	1487.01
A002	李平	24	1560	960	230	2290		2221.3
A003	刘玉	38	2300	1520	80	3740		3627.8
A004	郑宇	19	1756	760	0	2516		2440.52
A005	王佳	40	2678	1600	440	3838		3722.86
A006	谢天	30	2230	1200	320	3110		3016.7
合计			11774	6480	1227	17027		16516.19

(3) 标题格式设置:隶书、粗体、18 磅、双下画线、跨列居中。

(4) 数据格式设置为:

表头中文字段名设置:红色、黑体、14 磅、水平居中;各数值设置:绿色、宋体、12 磅、水平居中。

(5) 利用数据记录单查找“王佳”的资料,对其插入批注“已经退休”。

(6) 工龄补贴的标准为 40 元/年,用公式计算工龄补贴。

(7) 用公式“应发工资=基本工资+工龄补贴-扣款”计算“应发工资”。

(8) 设置条件格式:将“应发工资”超过 3500 的记录设置为蓝色、斜体、加下划线。

(9) 插入一列标题为“实发工资”,数据为扣税后的工资(使用地址的绝对引用)。

(10) 计算职工工资合计。

(11) 页面设置:左右页边距均为 2 厘米,上下页边距均为 2.5 厘米,页面方向为“横向”,添加页眉“工资发放一览表”。

(12) 将“1 月份工资”工作表中的数据复制到新工作表中,新工作表名为“工资记录”。

(13) 选择所有职工的“姓名”和“应发工资”制作饼图。

(14) 利用数据“基本工资”和“应发工资”生成所有职工的工资柱形图。

(15) 将“工资记录”工作表设置为当前表,并将工资按高低排序。

(16) 对“工资记录”工作表,按照“性别”统计“基本工资”和“实发工资”的总和,利用分类汇总来解决。

(17) 对“工资记录”工作表,分别统计教师职称为教授、副教授、讲师的男、女人数各是多少,利用数据透视表来实现。

(18) 将上面的结果保存在工作簿文件“zggz.xlsx”中。

3.4.3 样张

(1) “1月份工资”工作表如图3-38所示。

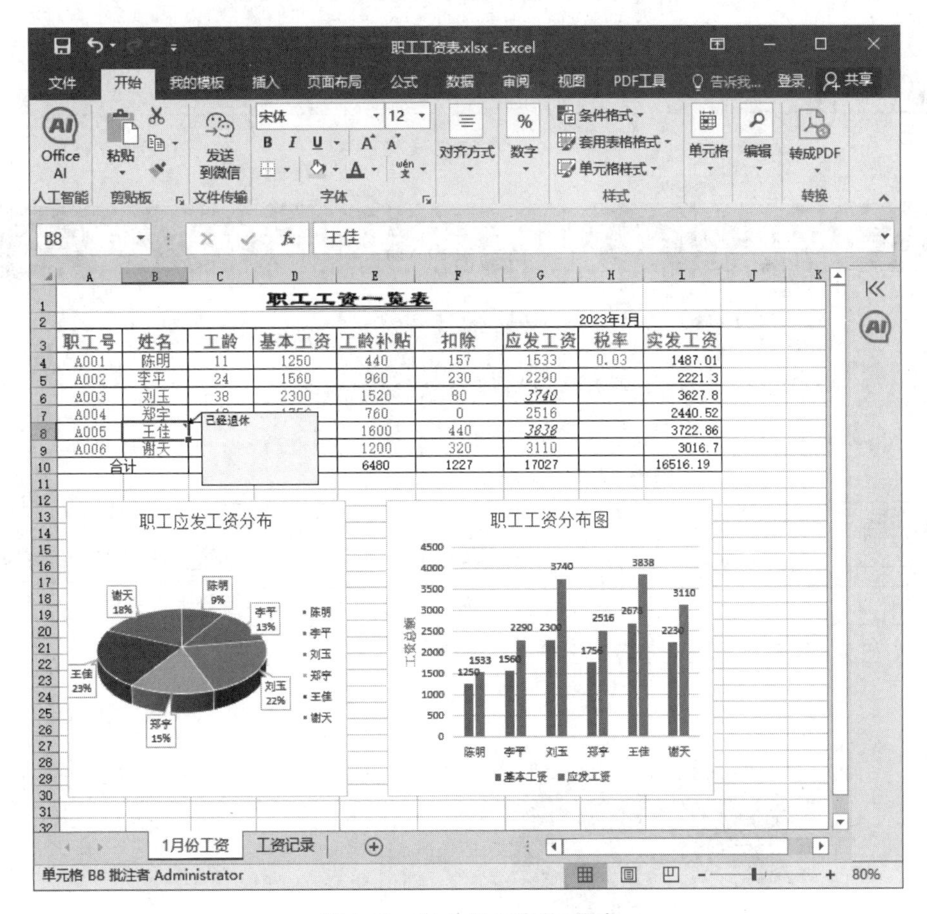

图3-38 “1月份工资”工作表

(2) 对“工资记录”工作表按工资高低排序,如图3-39所示。

(3) “职工工资”饼图如图3-40所示。

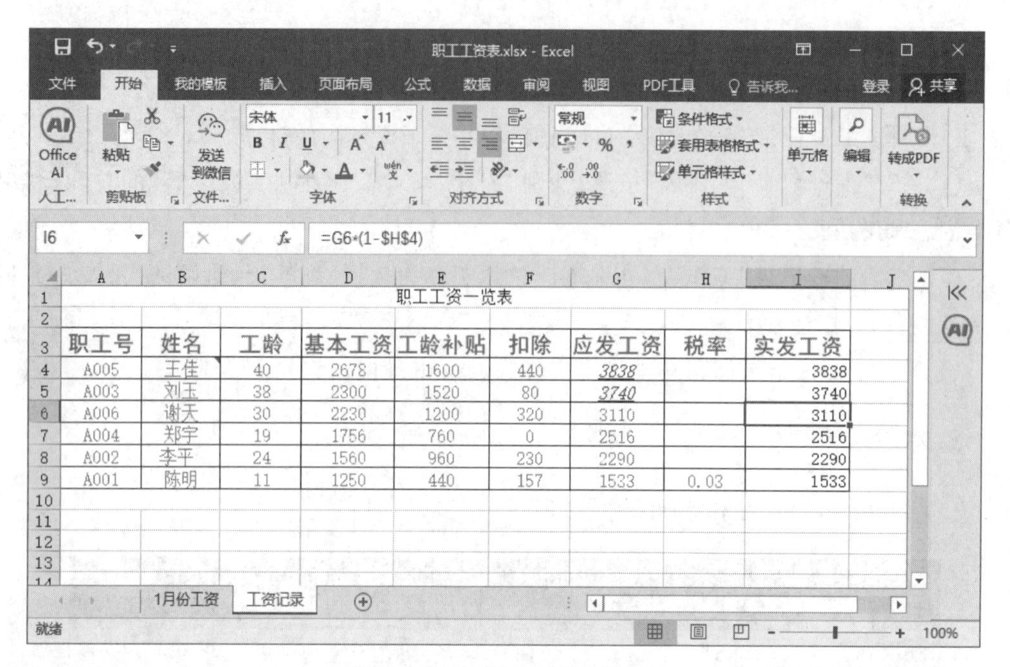

图 3-39 “工资记录”工作表

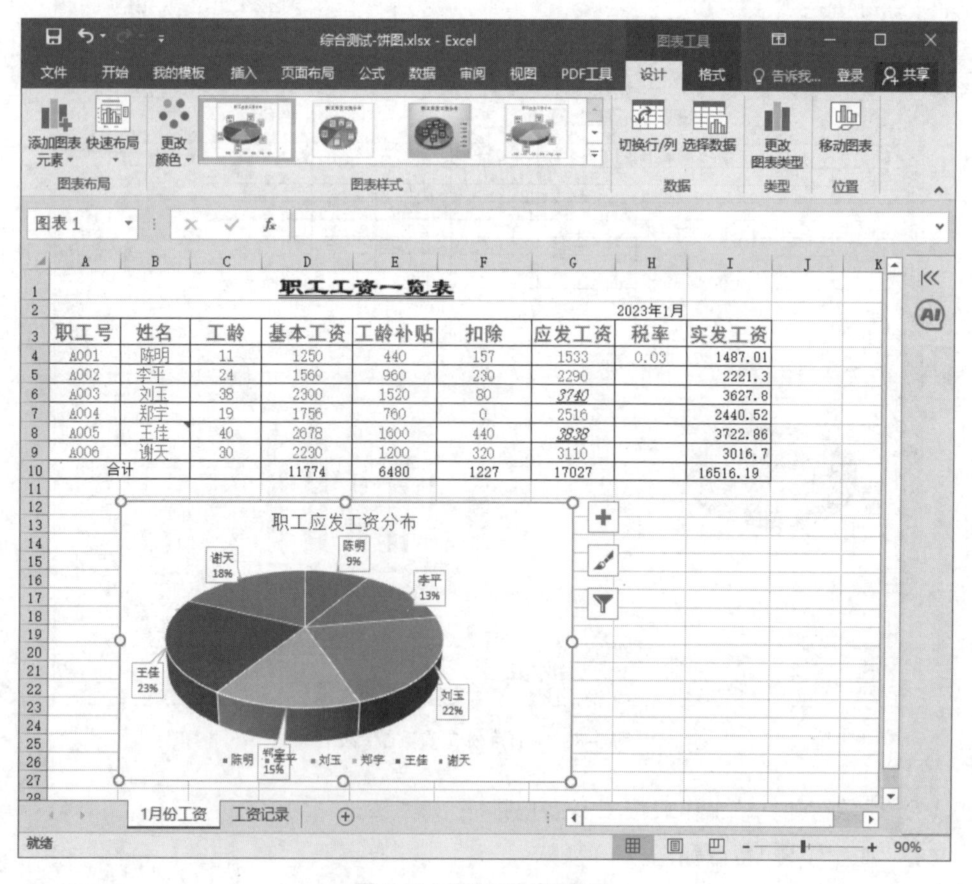

图 3-40 “职工工资”饼图

(4)“职工工资”柱形图如图 3-41 所示。

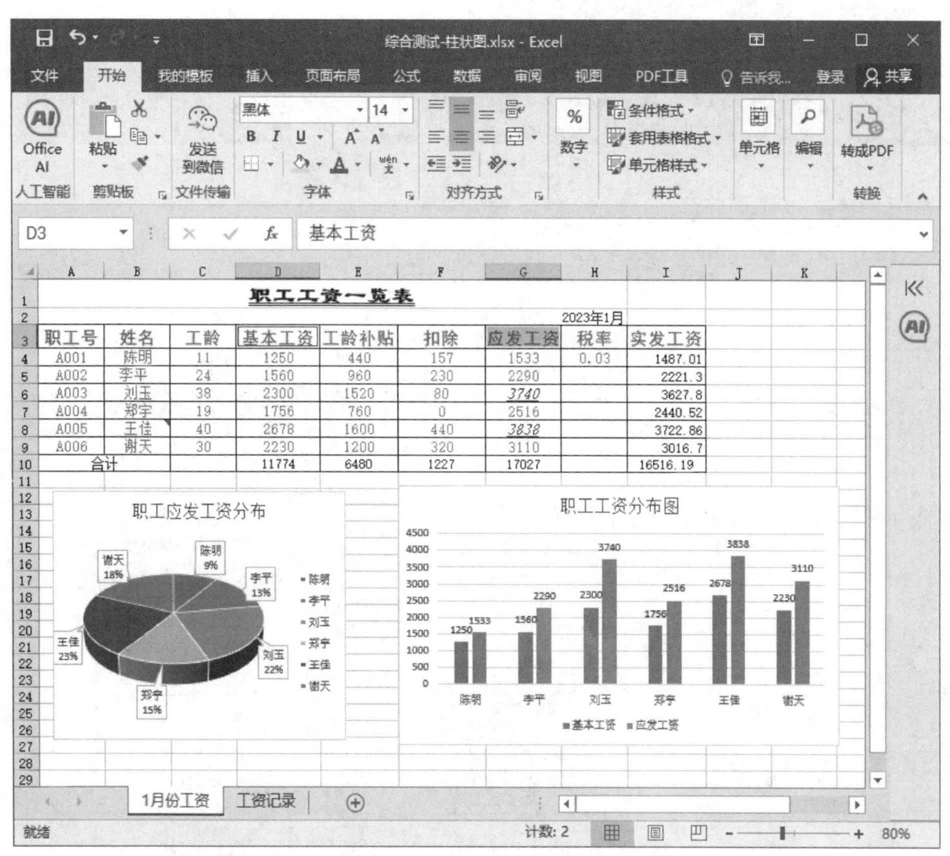

图 3-41　“职工工资”柱形图

(5)用分类汇总实现按“性别”统计“基本工资”和“实发工资”的总和,如图 3-42 所示。

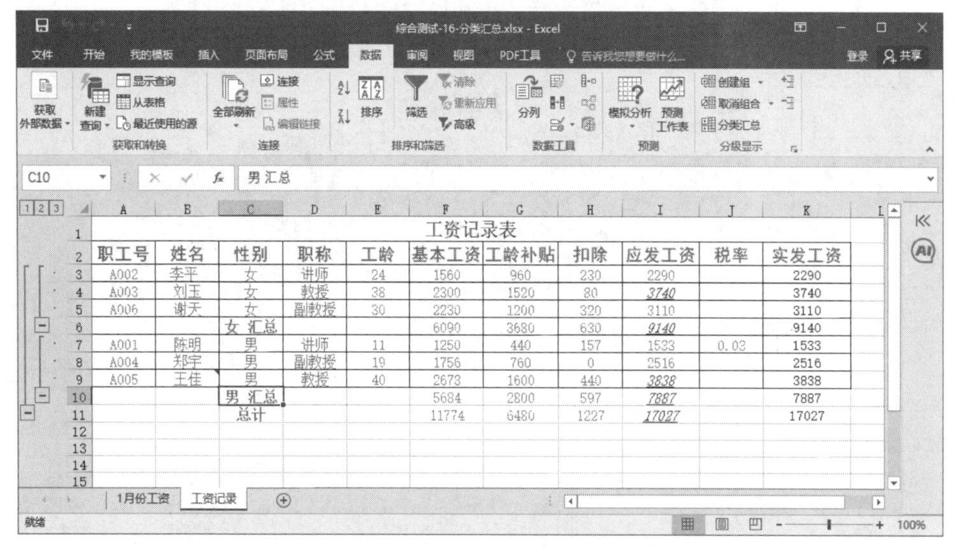

图 3-42　按“性别”对“基本工资”和“实发工资”实现分类汇总

（6）用数据透视表来实现统计教师职称为教授、副教授、讲师的男、女人数，如图 3-43 所示。

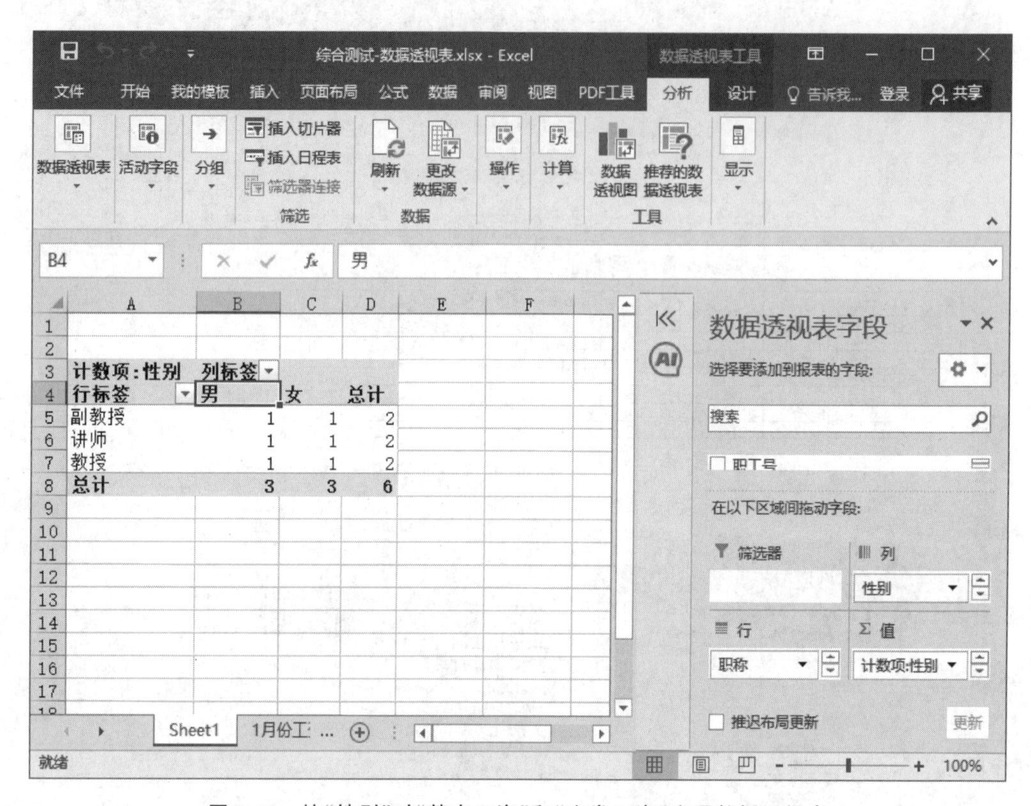

图 3-43　按“性别”对“基本工资”和“实发工资”实现数据透视表

第 4 章 PowerPoint 2016软件实验

CHAPTER 4

4.1 简单演示文稿的制作

4.1.1 实验目的与要求

(1) 熟悉 PowerPoint 软件的工作环境。

(2) 掌握演示文稿的新建、打开、保存和关闭。

(3) 掌握幻灯片的编辑操作。

(4) 掌握幻灯片的复制、删除、移动、插入等操作。

(5) 掌握幻灯片设计、幻灯片版式设计。

(6) 熟悉演示文稿不同视图模式的特点及使用。

4.1.2 实验内容

(1) 新建一个空演示文稿,以“自我介绍.pptx”为文件名保存到“D:\MyFile”文件夹中。

(2) 插入 3 张幻灯片,幻灯片的版式分别为标题幻灯片、标题和文本、标题和两栏文本。

(3) 编辑幻灯片,内容如图 4-1 所示。

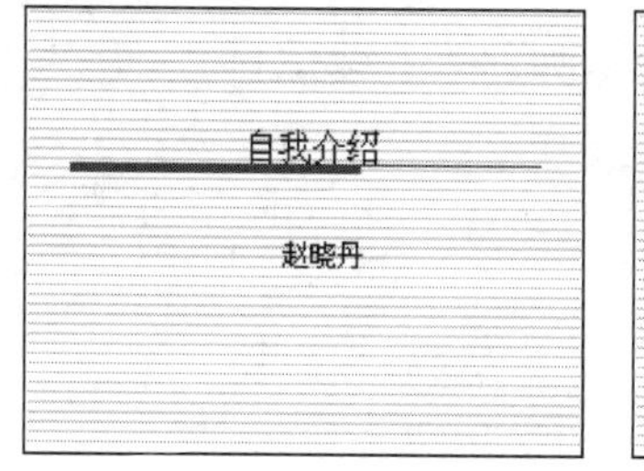

图 4-1　幻灯片内容

(4) 幻灯片设计，选择幻灯片主题为“积分”。

(5) 幻灯片格式设置。

第 1 张，标题字体为隶书，字号为 44，副标题字体为宋体，字号为 38。

第 2 张，标题字体为楷体，字号为 40，文本字体为宋体，字号为 32。

第 3 张，标题字体为宋体，字号为 40，文本字体为宋体，字号为 28。

(6) 将第 2 张幻灯片复制一张放到最后一张的位置。

(7) 删除第 2 张幻灯片。

(8) 将幻灯片另存为文件“自我介绍 1.pptx”。

4.1.3 操作提示

1. 新建一个空演示文稿

新文稿以“自我介绍.pptx”为文件名保存到“D:\MyFile”文件夹中。

顺序单击“文件”→“新建”→“空演示文稿”，即创建了一个新演示文稿。单击“保存”按钮，选择保存路径，输入文件名“自我介绍”即完成演示文稿的创建。

2. 插入 3 张幻灯片

幻灯片的版式分别为标题幻灯片、标题和文本、标题和两栏文本。

新创建的演示文稿默认只有第一张幻灯片，而一个演示文稿往往由很多张幻灯片组成，给演示文稿添加新幻灯片的方法有以下几种。

① 单击“插入”→“新建幻灯片”，选择所需要的版式。

② 在导航窗格选择插入新幻灯片的位置，右击，在弹出的快捷菜单中选择“新建幻灯片”。

③ 单击已有幻灯片中任何对象，按下 Ctrl+Enter 键即可在该幻灯片的后面插入一张新幻灯片。

3. 编辑幻灯片

只需选中要编辑的幻灯片，输入相关内容即可。

4. 幻灯片设计选择幻灯片主题为“积分”

单击“设计”选项卡，在“主题”选项组中选择“积分”主题，如图 4-2 所示。

5. 幻灯片格式设置

第 1 张，标题字体为隶书，字号为 44，副标题字体为宋体，字号为 38。

第 2 张，标题字体为楷体，字号为 40，文本字体为宋体，字号为 32。

第 3 张，标题字体为宋体，字号为 40，文本字体为宋体，字号为 28。

(1) 选中要设置格式的幻灯片。

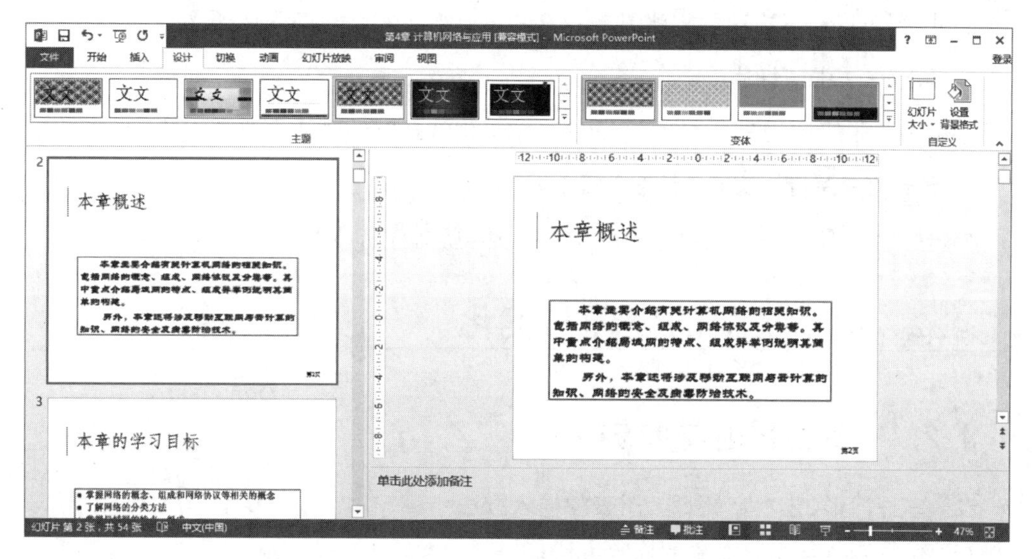

图 4-2　“主题”功能区

(2) 单击“开始”选项卡，在“字体”选项组中单击“字体”对话框启动按钮，打开“字体”对话框，如图 4-3 所示。

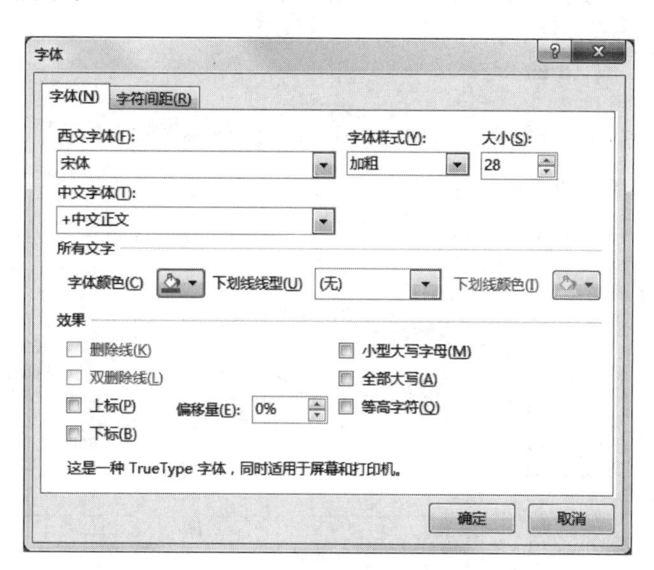

图 4-3　“字体”对话框

(3) 设置所需要的格式。

6. 将第 2 张幻灯片复制一张放到最后一张的位置

(1) 切换到幻灯片浏览视图下。

(2) 单击选中第 2 张幻灯片，单击“复制”按钮。

(3) 将光标定位到最后一张幻灯片的后面，单击“粘贴”按钮。

此外，还可以通过拖动的方法复制幻灯片或改变各幻灯片的先后顺序。

7. 删除第 2 张幻灯片

选中第 2 张幻灯片右击，在弹出的快捷菜单中选择“删除”或直接按 Delete 键。

8. 将幻灯片另存为文件“自我介绍 1.pptx”

单击“文件”选项卡，选择“另存为”，然后输入新文件名即可。

4.2 演示文稿的处理与美化

4.2.1 实验目的与要求

(1) 掌握图形、艺术字、图片、图表的插入方法。

(2) 掌握音频与视频对象的插入方法。

(3) 掌握组织结构图的制作方法。

(4) 掌握使用应用设计模板和配色方案美化幻灯片的方法。

(5) 学会使用母版控制整个演示文稿的版式设计。

4.2.2 实验内容

(1) 创建一个演示文稿，文件名为“中国旅游.pptx”，保存在“D:\MyFile”文件夹下，内容参考样式如图 4-4 所示。

图 4-4 幻灯片设计内容参考样式

(2) 在第1张幻灯片的右下角插入1张图片,设置合适的尺寸。插入一个以标题“中国旅游”为内容的艺术字,艺术字体格式自选。

(3) 在第2张幻灯片的右下角插入1张图片,设置成合适的尺寸,置于文字的下方。

(4) 在第3张幻灯片中绘制一个椭圆,格式设置:填充色为浅黄色、线条为黑色、1.5磅实线,环绕方式为“置于文字的下方”,作为文字“著名景点”的背景;在幻灯片的右下角插入一张图片,并设置成合适的尺寸。

(5) 在第4张幻灯片的上方插入一张天安门的图片,设置成合适的尺寸,同时调整文本的位置。

(6) 在第5张幻灯片的上方插入北海公园的图片,设置成合适的尺寸。在幻灯片的右侧插入一个文本框,在文本框中输入文字“北海公园”并对其进行浅黄色填充,并设置三维效果(见样张)。

(7) 在第6张幻灯片的右方插入一张故宫的图片,设置成合适的尺寸。同时给文字“故宫简介”加边框和底纹。

(8) 在第6张幻灯片中插入一个音频文件,文件自己选定。

(9) 添加第7张新幻灯片,版式为组织结构图,按样张所示输入文字。

(10) 对演示文稿应用不同设计模板,观察不同设计模板的修饰效果,并从中选择一种自己喜爱的方案。

(11) 在幻灯片的左上角绘制一个自选图形作为标志,并将其设置为合适尺寸。

(12) 以“中国旅游.pptx”为文件名将演示文稿保存到“D:\MyFile”文件夹下。

4.2.3 操作提示

1. 插入图片和格式设置

(1) 单击“插入”选项卡,选择“图像”选项组,单击“图片”按钮,打开“图片”对话框,如图4-5所示。

(2) 选择图片所在文件夹并在显示的图像文件中选择所需要的图片,然后单击“插入”按钮,即可将图片插入当前幻灯片中。

(3) 选中插入后的图片,打开“图片工具—格式”选项卡,右击该图片,在弹出的快捷菜单中单击“设置图片格式”,则打开“设置图片格式”对话框,如图4-6所示。

(4) 使用选项卡中的命令按钮,可以设置图片的样式、排列方式、大小等,使用对话框中的选项可以设置图片的阴影、三维格式、艺术效果等。

2. 插入自选图形和格式设置

(1) 单击“插入”选项卡,选择“插图”选项组,单击“形状”按钮,打开“形状”列表框,如图4-7所示。

图 4-5 “图片”对话框

图 4-6 “设置图片格式”对话框

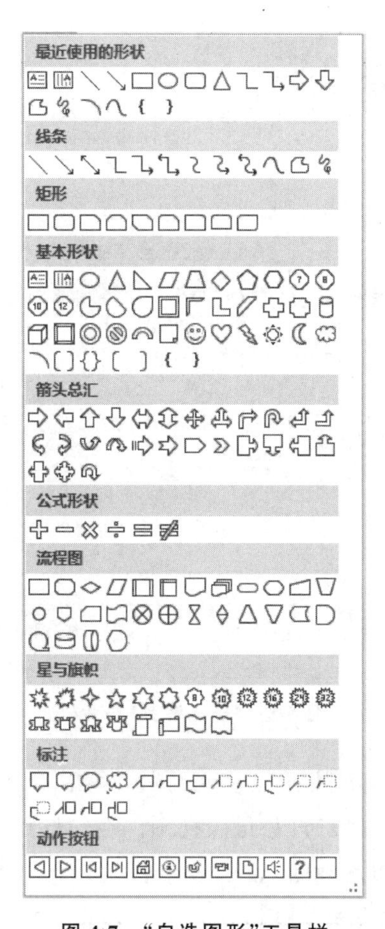

图 4-7 “自选图形”工具栏

(2) 在“自选图形”列表中选择所需要的图形,这时鼠标指针变为十字形,在幻灯片中相应的位置拖动即可画出所需图形。

(3) 设置自选图形的格式:选中自选图形,弹出“绘图工具-格式”选项卡,与设置图片格式类似可以设置自选图形的样式、排列方式和尺寸。

3. 插入一个音频文件

如果插入自己事先选定的文件,可以如此操作:单击“插入”选项卡,选择“媒体”选项组,单击“音频”按钮 🔊,单击“PC 上的音频”,打开“插入音频”对话框,如图 4-8 所示,选择要插入的音频文件,然后单击“插入”按钮即可。

4. 应用设计模板美化演示文稿

单击“设计”选项卡,在“主题”选项组选择所需要的主题即可。

5. 在幻灯片的右上角绘制自选图形作为标志

为幻灯片设置统一标志的图形和文字,将在所有的幻灯片上显示。要完成对统一标

图 4-8 “插入音频”对话框

志的图形和文字的编辑，操作步骤是，选中幻灯片，单击“视图”选项卡，选择“母版视图”，单击“幻灯片母版”按钮，切换到幻灯片母版视图。在幻灯片的右上角插入标志图形并设置成合适的尺寸，然后关闭母版视图，如图 4-9 所示。

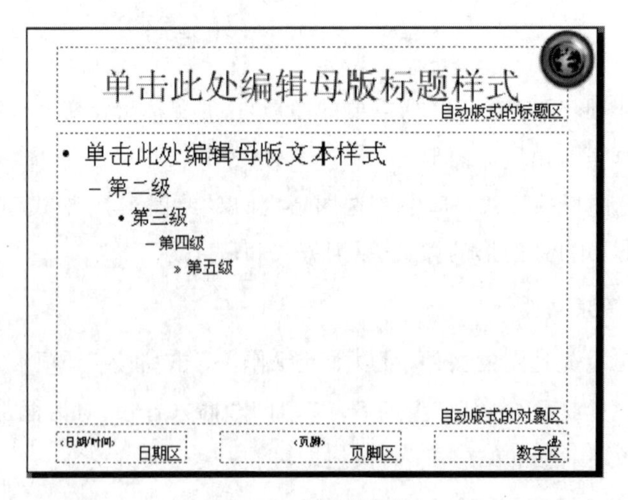

图 4-9 幻灯片母版

若要使幻灯片母版上添加的固定文字和各种图形将会在每张幻灯片上显示，则需要在打开的“设置背景格式”对话框中，单击“全部应用”按钮，如图 4-10 所示。

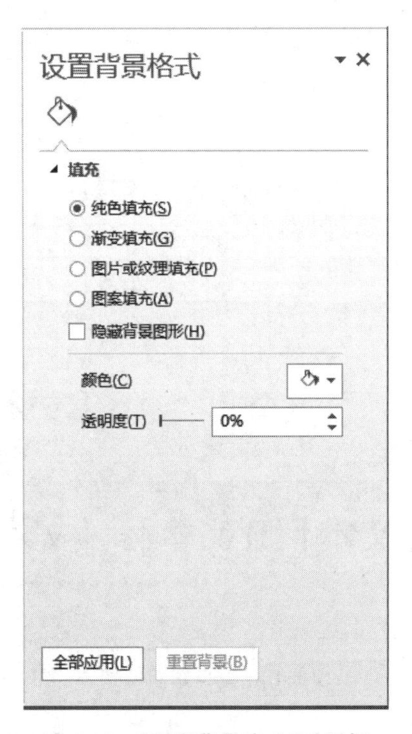

图 4-10 “设置背景格式”对话框

6. 添加第 7 张新幻灯片

版式为组织结构图，按样张所示输入文字。

(1) 单击“插入”选项卡，选择“插图”选项组，单击“SmartArt”按钮，打开“选择 SmartArt 图形”对话框，如图 4-11 所示。

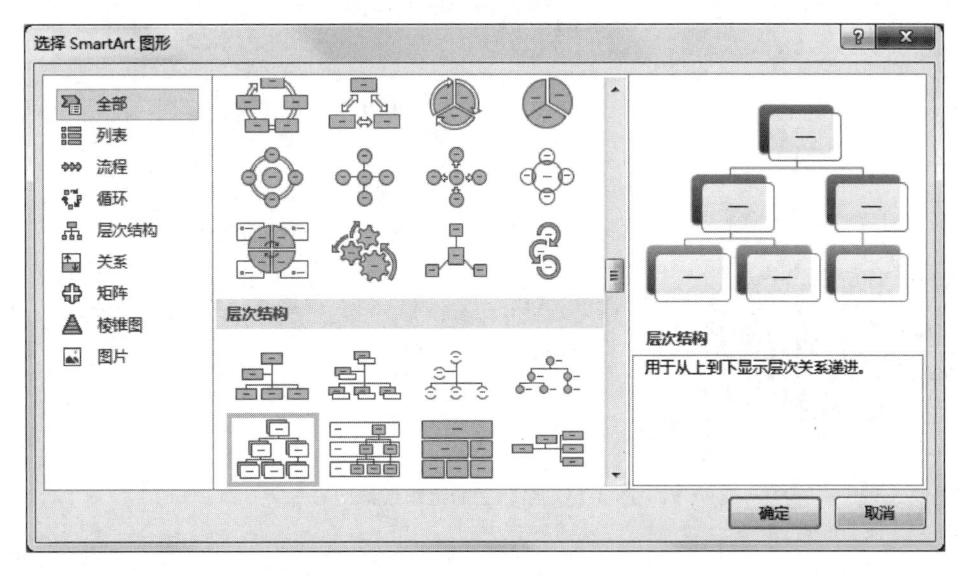

图 4-11 “选择 SmartArt 图形”对话框

(2) 在"层次结构"组中,选择所需要的组织结构图,就可以将空白组织结构图插到当前幻灯片中,如图 4-12 所示。

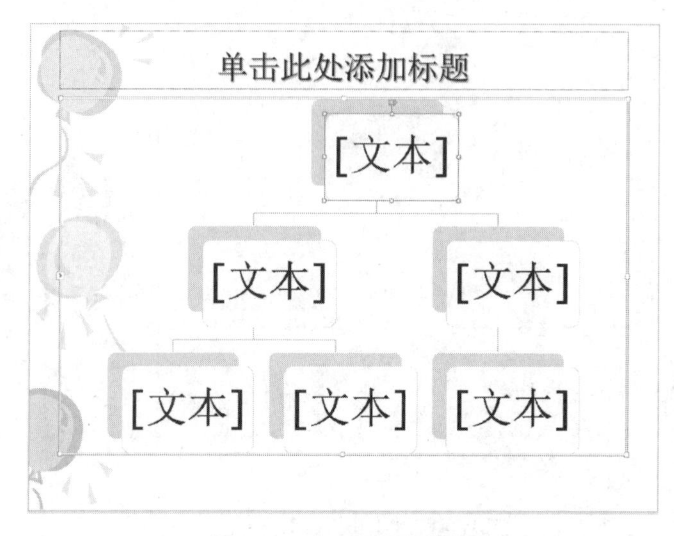

图 4-12 空白组织结构图

(3) 在每个文本框内单击并且输入所需要的文字,可以完成组织结构图的设计。如果需要在某一层上增加分支,则在需插入分支的位置上右击,在弹出的快捷菜单中选择"添加形状",然后选择插入的位置,即可在指定的位置上增加一个分支,如图 4-13 所示,分别在第二层和第三层增加了一个分支。

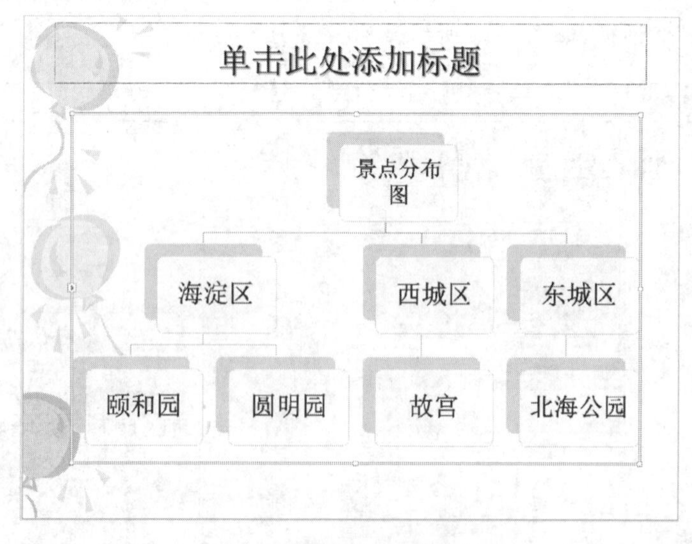

图 4-13 编辑后的组织结构图

4.2.4 样张

4.3 演示文稿的放映管理与打印

4.3.1 实验目的与要求

（1）掌握幻灯片动画效果及切换效果的设置方法。

（2）掌握幻灯片动作按钮的制作方法。

(3) 掌握幻灯片交互动作的设置方法。

(4) 掌握演示文稿放映、打包、打印的方法。

4.3.2 实验内容

重新打开“中国旅游.pptx”文件,对幻灯片进行播放动画效果设置。

(1) 第1张幻灯片标题“中国旅游”的自定义动画效果为“进入—飞入—左侧”,声音为“风铃”效果,“北京”的动画效果为“进入—飞入—右侧”,无声音。艺术字“中国旅游”动画效果为“强调—陀螺旋”。图片的动画效果为“进入—轮子”。动画先后顺序为标题→图片→艺术字,出现时间前后间隔为2秒。幻灯片切换效果为盒状展开,右侧飞入。

(2) 第2张幻灯片的文字的动画效果为“进入—旋转”,动画文本为“按字/词”。剪贴画的动画效果为“进入—随机线条”。动画先后顺序为文本→图片,间隔为1秒后自动启动。幻灯片切换效果为垂直百叶窗。

(3) 第3张幻灯片标题“著名景点”的动画效果为“退出—擦除”,文本的动画效果为“进入—形状”,声音为“打字机”。动画顺序为标题→文本,单击鼠标出现,时间前后间隔为1秒。幻灯片切换效果为“纵向棋盘式”。

(4) 第4张幻灯片天安门图片的动画效果为“动作路径—菱形”。幻灯片切换效果为盒状缩放,右侧飞入。

(5) 第5张幻灯片北海公园图片的动画效果为“强调—加深”,文本“北海公园”的动画效果为“进入—缓慢进入”。动画先后顺序为图片→文本框,时间间隔为1秒后自动启动。幻灯片切换效果为阶梯状,向右下展开。

(6) 第6张幻灯片故宫图片的动画效果为“进入—阶梯状”,方向为“右下”。文字“故宫简介”的动画效果为“进入—扇形展开”,动画顺序为文本→图片。幻灯片切换效果为横向棋盘式。

(7) 第7张新幻灯片的切换效果为从屏幕中心放大。

(8) 在幻灯片右下角插入前、后翻页按钮。

(9) 将第3张幻灯片的文字“天安门”链接至第4张幻灯片,将第3张幻灯片的文字“故宫”链接至第6张幻灯片,将第7张幻灯片的文字“著名景点”链接至第3张幻灯片。

(10) 使用排练计时播放演示文稿。第1～7张幻灯片的播放时间设置如表4-1所示。

表4-1 幻灯片播放时间设置

第1张	第2张	第3张	第4张	第5张	第6张	第7张
6秒	15秒	8秒	12秒	9秒	12秒	17秒

（11）分别使用全屏幕、观众自行浏览、在展台浏览方式播放演示文稿。观察不同放映方式的特点。

（12）将演示文稿打包到磁盘，然后在另一台计算机上解包、播放。

（13）设置幻灯片的大小为 24cm×18cm，横向，讲义横向打印，然后打印一份演示文稿。

4.3.3　操作提示

1．为幻灯片设置动画效果

（1）首先选择对象，然后单击“动画”选项卡，选择“高级动画”选项组，单击“添加动画”按钮，打开“动画”列表框，如图 4-14 所示。

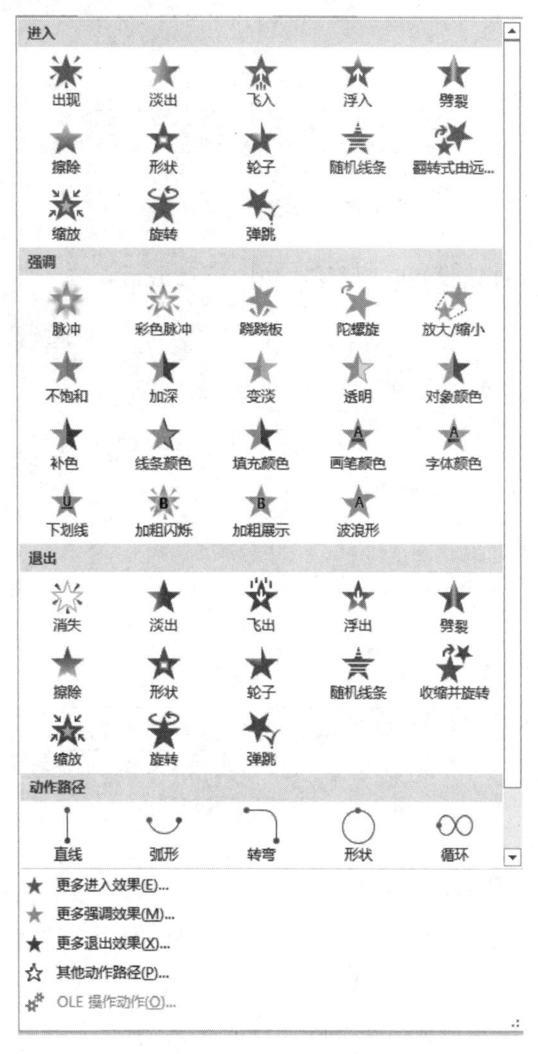

图 4-14　“动画”列表框

（2）可以对选中的对象设置“进入”“强调”“退出”和“动作路径”四种动画。在对应的区域内，选择动画方式即可。

（3）如果需要设置声音和时间间隔，则右击已设置动画效果的对象，打开“旋转”选项对话框，单击“效果”选项卡可以设置声音，如图 4-15 所示。

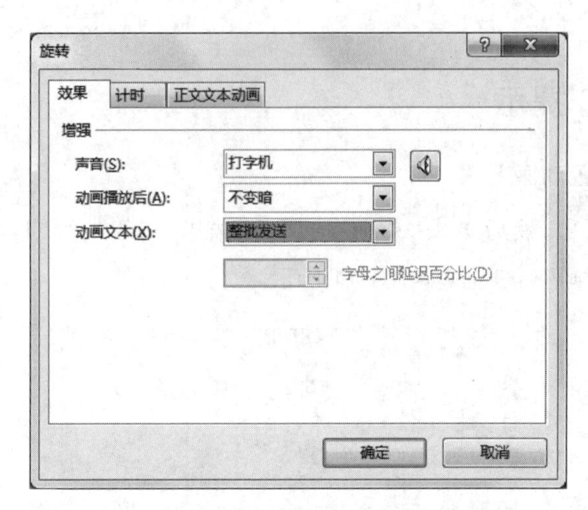

图 4-15 “效果”设置对话框

单击“计时”选项卡可以设置时间间隔，如图 4-16 所示。

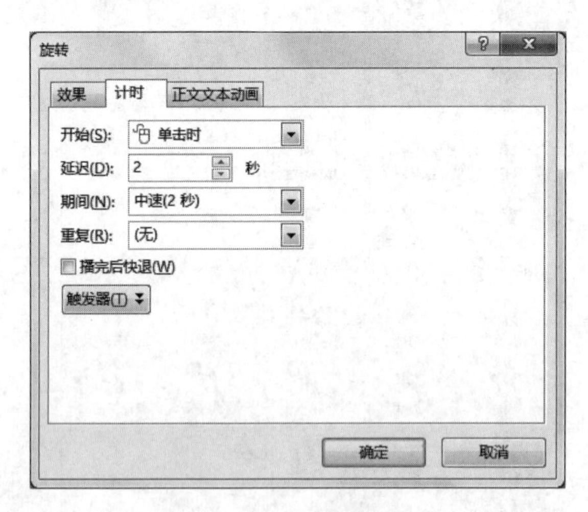

图 4-16 “计时”设置对话框

2. 设置幻灯片切换效果

单击“切换”选项卡，使用“切换此幻灯片”选项组中的命令按钮可以设置幻灯片切换的动画效果，使用“计时”选项组中的命令按钮可以设置声音、持续时间、换片方式以及应用范围，如图 4-17 所示。在列表中选择所需要的效果选项，若有需要还可以设置切换速度、声音以及换片方式。

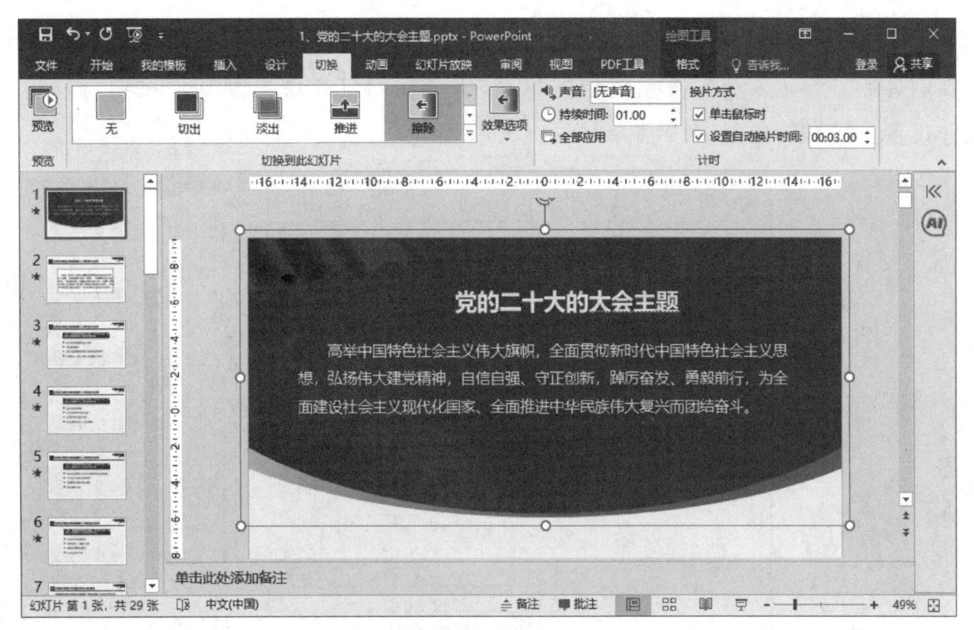

图 4-17　“幻灯片切换”对话框

3. 在幻灯片中插入前、后翻页按钮

利用动作按钮可以进行幻灯片之间的切换，或插入其他对象，如声音、文档等。插入动作按钮的步骤如下。

(1) 单击“插入”选项卡，选择“插图”选项组，单击“形状”按钮，打开“形状”列表框，如图 4-18 所示。

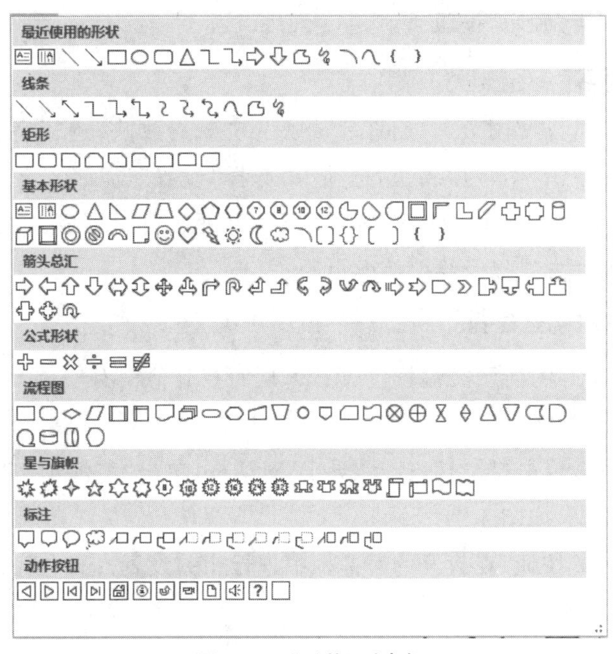

图 4-18　“形状”列表框

(2) 在最后一组中选择所需要的动作按钮,如“前进或下一项”,鼠标指针变为十字形状,在幻灯片需要插入动作按钮的位置拖动,则会在幻灯片中出现动作按钮,同时打开“操作设置”对话框,如图 4-19 所示。

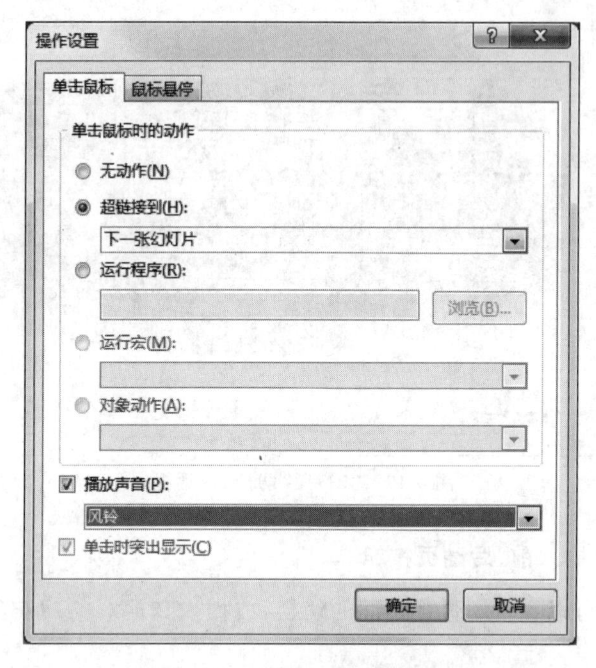

图 4-19 “操作设置”对话框

(3) 单击“单击鼠标”选项卡,在“超链接到”列表框中选择链接的幻灯片,还可以设置“播放声音”,然后单击“确定”按钮。

4. 设置放映方式

播放演示文稿,可以使用菜单“幻灯片放映”→“观看放映”进行播放,在播放前可以设置放映方式,只需单击“幻灯片放映”选项卡,选择“设置”选项组,单击“设置幻灯片放映”按钮,打开如图 4-20 所示的“设置放映方式”对话框。然后设置放映类型、放映选项、幻灯片放映范围、换片方式以及绘图笔颜色等。

5. 将演示文稿打包到磁盘

用户可以将制作好的演示文稿打包成 CD,从而在其他没有安装 PowerPoint 软件的计算机上进行幻灯片放映。

单击“文件”菜单,单击“导出”,打开“导出”对话框,单击“将演示文稿打包成 CD”,打开“打包成 CD”对话框,如图 4-21 所示。

单击“打包成 CD”按钮,在打开的对话框中进行相关设置。打包完成后,会自动打开包含打包文件的文件夹。

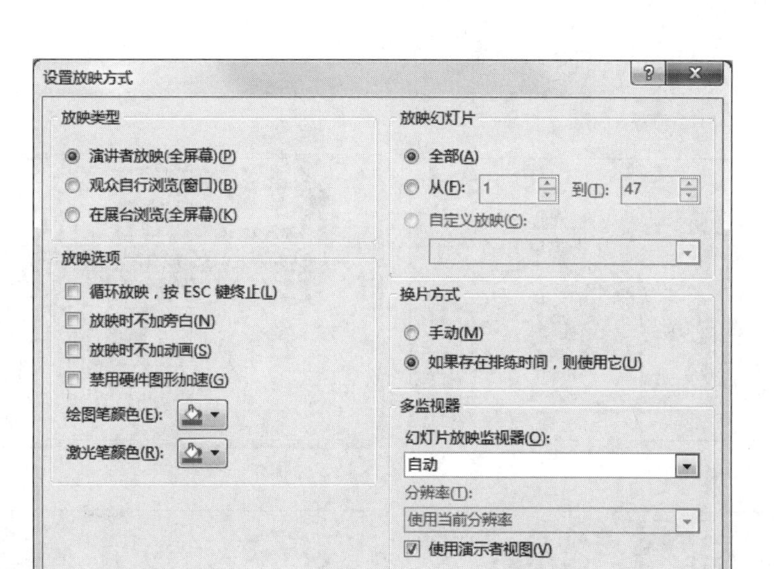

图 4-20　“设置放映方式”对话框

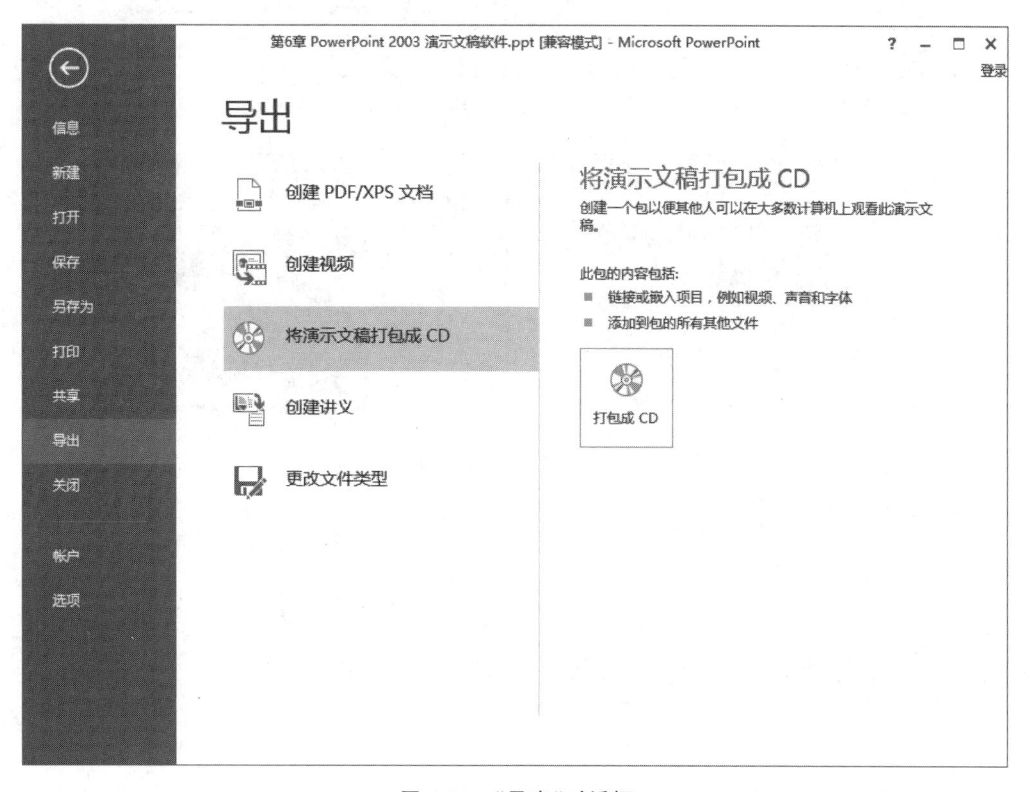

图 4-21　“导出”对话框

4.3.4 样张

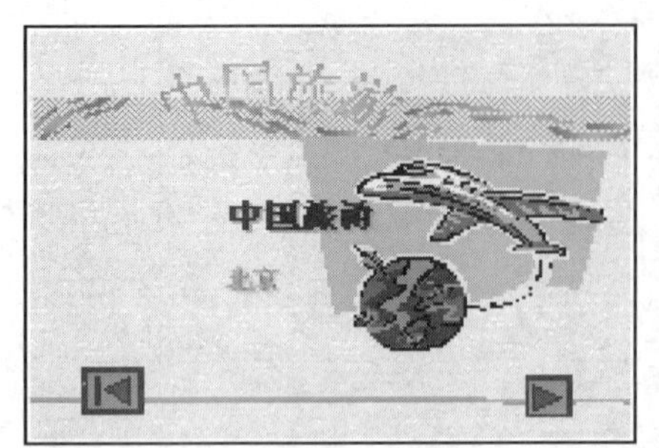

:04 1

:03 2

:13 3

:01 4

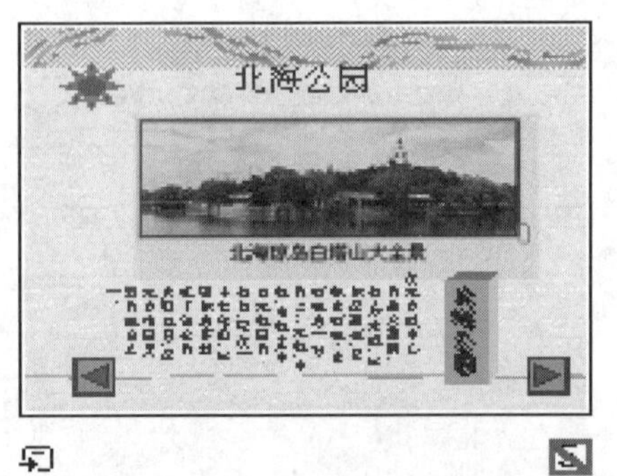

:02 6

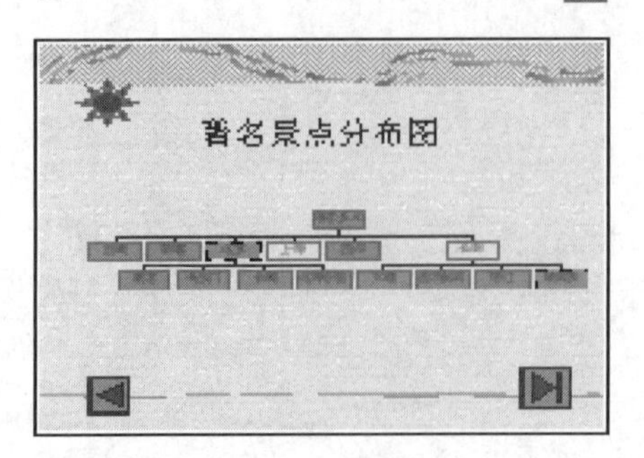

:02 

4.4 PowerPoint 综合测试

4.4.1 实验目的与要求

(1) 综合运用 PowerPoint 软件制作演示文稿的各种编辑功能。

(2) 熟练掌握幻灯片、演示文稿的各类操作方法。

4.4.2 实验内容

(1) 以自己的个人信息为内容，新建一个自我介绍的演示文稿，由三张幻灯片组成(见样张)，以文件名“个人简介.pptx”保存到“D:\MyFile”文件夹中。

(2) 在第 1 张幻灯片中输入标题“个人简介”。

(3) 在第 2 张幻灯片中输入个人的基本情况信息。

(4) 在第 3 张幻灯片中输入个人经历，并用项目符号标注每一项经历。

(5) 应用一种自己喜爱的设计模板对演示文稿进行修饰。

(6) 在各张幻灯片的下方插入前、后翻页按钮。

(7) 为所建立的自我介绍的演示文稿插入幻灯片编号，字号 16 磅，放在幻灯片的右下方，同时插入演示文稿建立的日期，字号 16 磅，放在幻灯片的左下方(见样张)。

(8) 创建一个自己所就读学校的大学专业介绍的演示文稿，由三张幻灯片组成(见样张)，以文件名“大学专业.pptx”保存到“D:\MyFile”文件夹中。

(9) 在第 1 张幻灯片中输入标题“大学专业”。

(10) 在第 2 张幻灯片中输入个人所在大学所学专业的基本情况介绍。

(11) 在第 3 张幻灯片中输入个人所在大学其他专业的基本情况介绍。

(12) 应用一种自己喜爱的设计模板对演示文稿进行修饰。

(13) 在各张幻灯片的下方插入前、后翻页按钮。

(14) 为所建立的大学专业介绍演示文稿插入幻灯片编号，字号 16 磅，放在幻灯片的正下方(见样张)。

(15) 分别为建立的两个演示文稿的各张幻灯片设置动画效果和幻灯片切换效果。

(16) 创建一个“个人综合成绩单.doc”Word 文档，输入个人综合成绩，并保存到“D:\MyFile 文件夹”中(见样张)。

(17) 将“个人简介”演示文稿的第 2 张幻灯片的文字“学校、专业”链接至“大学专业”

演示文稿的第 1 张幻灯片，将“个人简介”演示文稿的第 3 张幻灯片的文字“附成绩单”链接至“个人综合成绩单. doc”Word 文档。将“个人简介”演示文稿的第 3 张幻灯片的后翻页按钮链接至“大学专业”演示文稿的第 1 张幻灯片。

(18) 将“大学专业”演示文稿的第 1 张幻灯片的前翻页按钮链接至“个人简介”的演示文稿第 3 张幻灯片，将“大学专业”演示文稿的第 3 张幻灯片的后翻页按钮链接至“个人简介”演示文稿的第 1 张幻灯片。

(19) 分别以普通、幻灯片、大纲、浏览、放映视图方式查看修改后的演示文稿。

(20) 分别使用全屏幕、观众自行浏览、在展台浏览、循环放映、排练计时的方式播放演示文稿。

4.4.3 样张(数据自拟)

1. “个人简介. pptx”

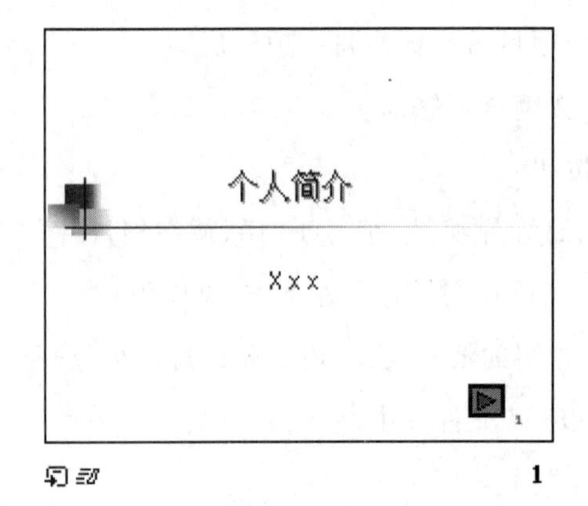

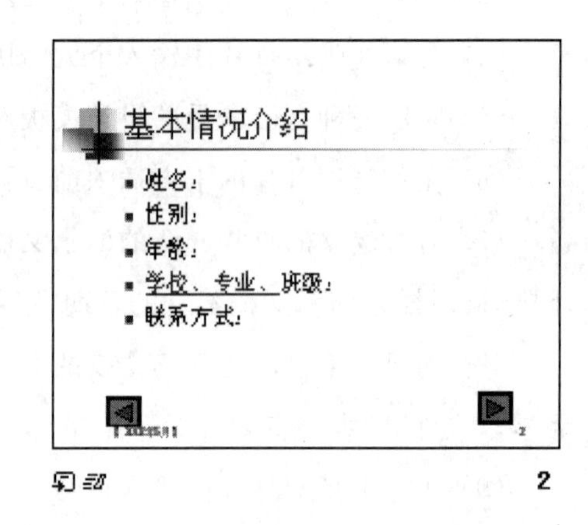

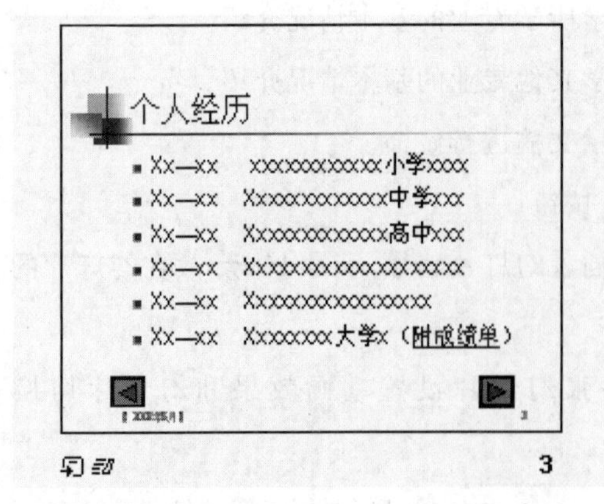

2. “大学专业. pptx”

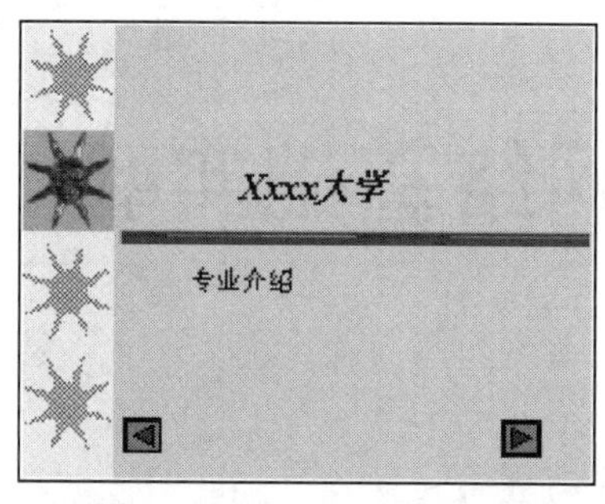

1

2

3

3. 个人综合成绩单(数据自拟)

个人综合成绩单

学年		科目	成绩	性质	备注
xx—xx	第一学期	高数	97	必修	第八名
		英语	88	必修	
		大物	76	必修	
		法律	88	必修	
	第二学期	x x	x x		
		x x	x x		
		x x	x x		
		x x	x x		
xx—xx	第一学期	x x	x x		
		x x	x x		
		x x	x x		
	第二学期				

第5章 计算机网络基础实验

CHAPTER 5

5.1 网络基础实验

5.1.1 实验目的与要求

(1) 掌握并了解计算机网络的配置方法。

(2) 熟悉和掌握检查网络连通性的操作。

5.1.2 实验内容

(1) 查看网络的配置情况。

(2) 使用 ping 命令检测网络中设备的连通性。

5.1.3 操作提示

当硬件连接好后,可以使用 ping 命令和 ipconfig 命令对网络进行测试。

1. 查看网络的配置情况

ipconfig 命令是当网络出现故障时使用的重要命令,一般用于检查 TCP/IP 协议的设置情况。用 ipconfig 命令查看当前网络配置情况并作相应的记录。

(1) 进入"命令提示符"界面,运行 ipconfig/all 命令,如图 5-1 所示。

(2) 查看当前网络的配置情况并完成相应的记录,包括主机名,本机的 IP 地址、子网掩码、默认网关、DNS 服务器。

① 主机名:D411;

② 计算机的 IP 地址:10.64.21.213;

③ 物理地址:64-00-6A-4B-CD;

④ 子网掩码:255.255.255.0;

⑤ 默认网关:10.64.21.1;

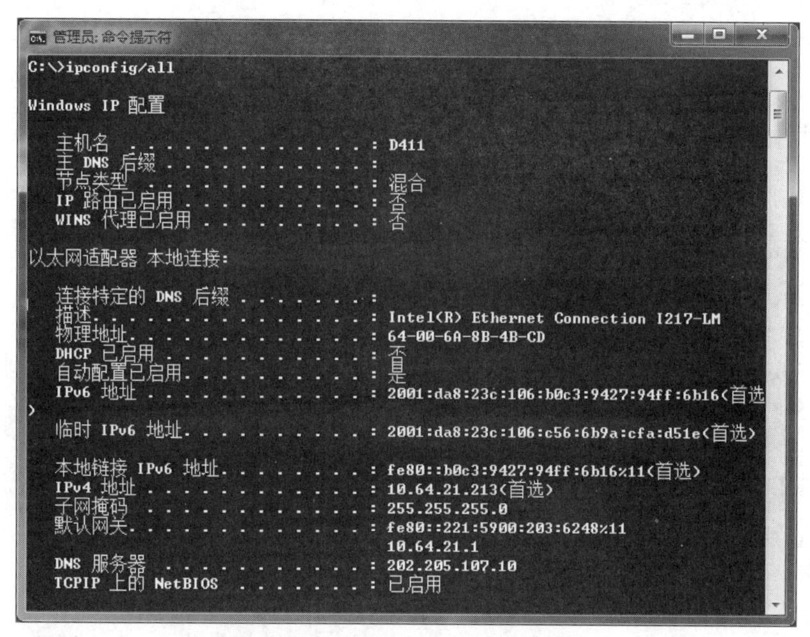

图 5-1 运行“ipconfig/all”命令的界面

⑥ DNS 服务器：202.205.102.10。

2. 检查网络的连通性

使用 ping 命令检测网络中设备的连通性。操作步骤如下。

(1) 启动 Windows 的“命令提示符”编辑器，输入 ping 命令，则在出现的窗口中显示该命令各参数的用法，如图 5-2 所示。

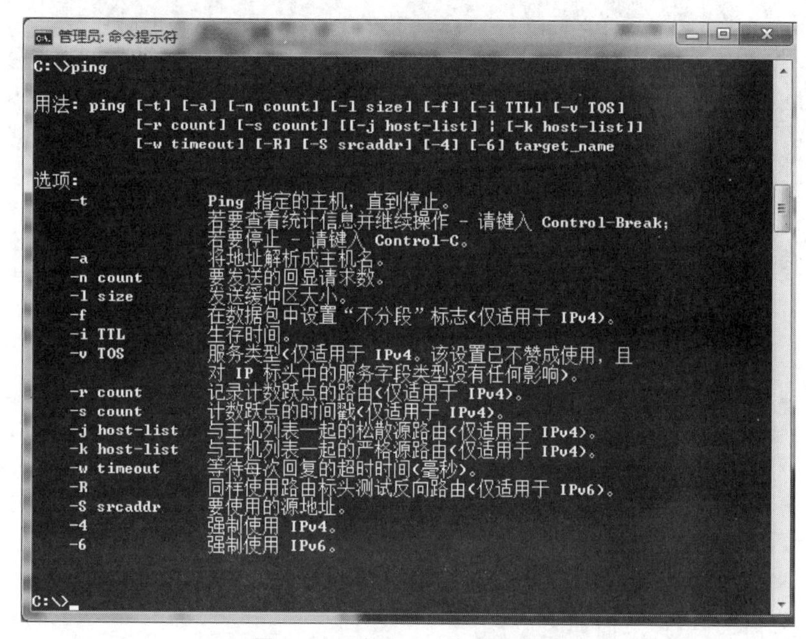

图 5-2 运行“ping”命令的界面

(2) 通过 ping IP 地址、本机的名称、localhost，可以检查本机的网络设备是否工作正常。

① 通过 ping IP 地址 10.64.21.213，检查本机的网络设备是否工作正常，如图 5-3 所示。

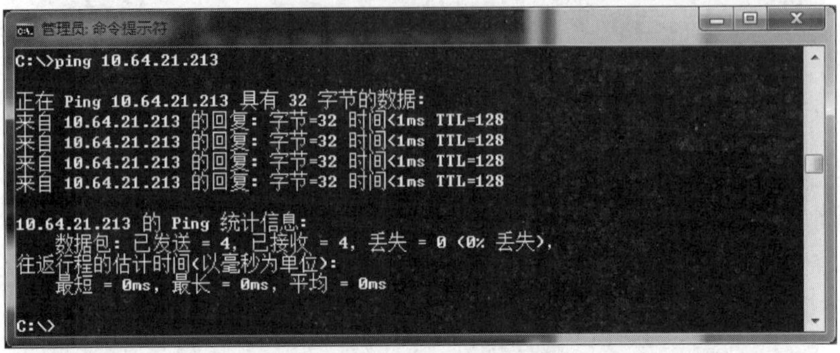

```
管理员: 命令提示符
C:\>ping 10.64.21.213

正在 Ping 10.64.21.213 具有 32 字节的数据:
来自 10.64.21.213 的回复: 字节=32 时间<1ms TTL=128
来自 10.64.21.213 的回复: 字节=32 时间<1ms TTL=128
来自 10.64.21.213 的回复: 字节=32 时间<1ms TTL=128
来自 10.64.21.213 的回复: 字节=32 时间<1ms TTL=128

10.64.21.213 的 Ping 统计信息:
    数据包: 已发送 = 4, 已接收 = 4, 丢失 = 0 (0% 丢失),
往返行程的估计时间(以毫秒为单位):
    最短 = 0ms, 最长 = 0ms, 平均 = 0ms

C:\>
```

图 5-3 运行“ping IP 地址”命令的界面

图 5-3 所示表明本计算机发送了 4 个 32 字节的数据包，返回 4 个数据包，返回时间为 1ms，丢失 0 个数据包。说明网络很通畅，没有丢包。当出现请求超时，就属于网络不正常。

② 通过 ping 本计算机的名称“D411”，检查本机的网络设备是否工作正常，如图 5-4 所示。

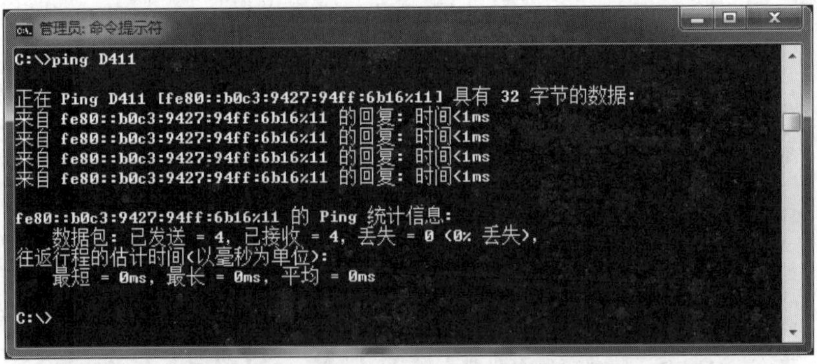

```
管理员: 命令提示符
C:\>ping D411

正在 Ping D411 [fe80::b0c3:9427:94ff:6b16%11] 具有 32 字节的数据:
来自 fe80::b0c3:9427:94ff:6b16%11 的回复: 时间<1ms
来自 fe80::b0c3:9427:94ff:6b16%11 的回复: 时间<1ms
来自 fe80::b0c3:9427:94ff:6b16%11 的回复: 时间<1ms
来自 fe80::b0c3:9427:94ff:6b16%11 的回复: 时间<1ms

fe80::b0c3:9427:94ff:6b16%11 的 Ping 统计信息:
    数据包: 已发送 = 4, 已接收 = 4, 丢失 = 0 (0% 丢失),
往返行程的估计时间(以毫秒为单位):
    最短 = 0ms, 最长 = 0ms, 平均 = 0ms

C:\>
```

图 5-4 运行“ping 本计算机名称”命令的界面

③ 通过 ping localhost，检查本机的网络设备是否工作正常，如图 5-5 所示。

其中，“localhost”指的是计算机本身。

(3) 检查本计算机是否与 Internet 连通，如 ping 新浪网网址，运行 ping www.sina.com 命令，出现界面如图 5-6 所示。

(4) 检查本计算机是否与网关连通，通过 ping 网关的 IP 地址，如运行“ping 202.205.107.10”命令，出现界面如图 5-7 所示。

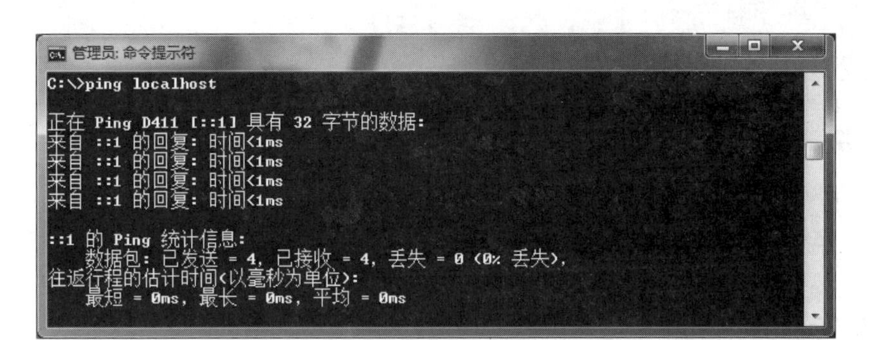

图 5-5 运行“ping localhost”命令的界面

```
命令提示符
C:\>ping www.sina.com

Pinging jupiter.sina.com.cn [183.232.24.113] with 32 bytes of data:

Reply from 183.232.24.113: bytes=32 time=53ms TTL=50
Reply from 183.232.24.113: bytes=32 time=50ms TTL=50
Reply from 183.232.24.113: bytes=32 time=49ms TTL=50
Reply from 183.232.24.113: bytes=32 time=48ms TTL=50

Ping statistics for 183.232.24.113:
    Packets: Sent = 4, Received = 4, Lost = 0 (0% loss),
Approximate round trip times in milli-seconds:
    Minimum = 48ms, Maximum = 53ms, Average = 50ms

C:\>
```

图 5-6 运行“ping www.sina.com”命令的界面

```
管理员: 命令提示符
C:\>ping 202.205.107.10

正在 Ping 202.205.107.10 具有 32 字节的数据:
来自 202.205.107.10 的回复: 字节=32 时间<1ms TTL=62
来自 202.205.107.10 的回复: 字节=32 时间<1ms TTL=62
来自 202.205.107.10 的回复: 字节=32 时间<1ms TTL=62
来自 202.205.107.10 的回复: 字节=32 时间<1ms TTL=62

202.205.107.10 的 Ping 统计信息:
    数据包: 已发送 = 4, 已接收 = 4, 丢失 = 0 (0% 丢失),
往返行程的估计时间(以毫秒为单位):
    最短 = 0ms, 最长 = 0ms, 平均 = 0ms

C:\>
```

图 5-7 运行“ping 网关的 IP 地址”命令的界面

5.2 Internet 应用

5.2.1 实验目的与要求

(1) 掌握 IE 浏览器及搜索引擎的使用方法。

(2) 掌握申请邮箱、收发电子邮件的方法。

5.2.2 实验内容

1. 掌握 IE 浏览器及搜索引擎的使用方法

(1) 启动 IE 浏览器,浏览搜狐网站的内容。

(2) 将搜狐网站地址设为 IE 浏览器的首页。

(3) 将搜狐网站地址添加到收藏夹。

(4) 搜索引擎的使用。

2. 电子邮件的收发

(1) 登录网站,申请一个电子邮箱。

(2) 登录电子邮箱,练习收发电子邮件。

5.2.3 操作提示

1. 掌握 IE 浏览器及搜索引擎的使用方法

(1) 启动 IE 浏览器,浏览搜狐网站的内容,主页地址为 http://www.sohu.com。

(2) 将搜狐网站地址设为 IE 浏览器首页,具体操作步骤如下。

① 在"工具"菜单中选择"Internet 选项",选择"常规"选项卡。

② 在主页区地址文本框中键入起始页,http://www.sohu.com,如图 5-8 所示。

③ 在对话框中单击"使用当前页"按钮,还可以将浏览到的网页设置成主页,如图 5-8 所示。

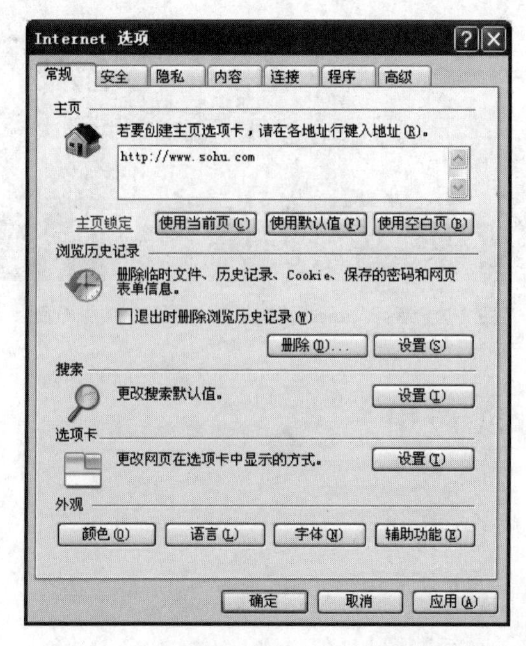

图 5-8 将搜狐网站地址设为 IE 浏览器首页

(3) 将搜狐网站地址添加到收藏夹。

访问自己觉得有价值的站点时，可以将它加入收藏夹中，以备以后查看使用。

① 打开要添加到收藏夹列表的搜狐网站首页。

② 在“收藏”菜单中，单击“添加到收藏夹”，出现如图 5-9 所示的对话框。

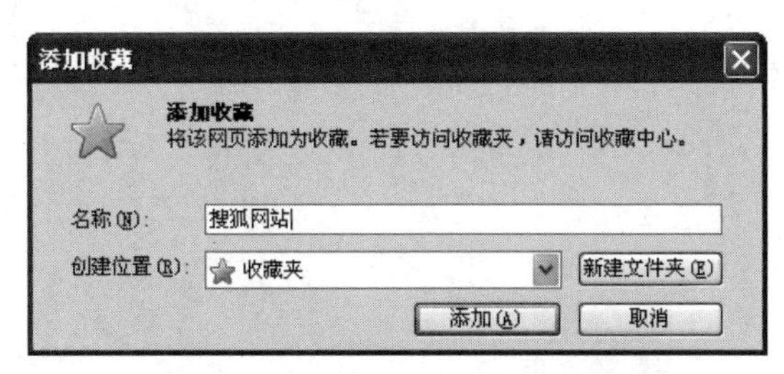

图 5-9　将搜狐网站地址添加到收藏夹

③ 如果需要，在名称栏键入该页的新名称。

④ 单击“添加”按钮，搜狐网站首页即被添加到收藏夹中。

(4) 利用中文引擎进行搜索。

① 在地址文本框中输入 http://www.baidu.com，登录百度网站首页。

② 在网页搜索栏中输入关键词“冬奥会会标”，即可查询有关带有该关键词的网页，如图 5-10 所示。

图 5-10　利用百度网站搜索“冬奥会会标”的网页

③ 选择某个网页，进行浏览。

2．电子邮件的收发

(1) 登录网易网站 http://www.163.com 或新浪网站 http://www.sina.com，申请一个电子邮箱。

(2) 登录电子邮箱，查看电子邮箱中各个文件夹的内容，并发送一封邮件到同学的邮箱，内容自定。

参考文献

[1] 郭娜，刘颖，王小英，等. 大学计算机基础[M]. 北京：清华大学出版社，2019.

[2] 张帆，赵莉，谭玲丽. 计算机基础[M]. 北京：北京理工大学出版社，2021.

[3] 刘勇. 大学计算机基础[M]. 2版. 北京：清华大学出版社，2020.

[4] 龚沛曾，杨志强. 大学计算机基础简明教程[M]. 3版. 北京：高等教育出版社，2021.

[5] 程晓锦，陈如琪，徐秀花，等. 大学计算机基础实验指导[M]. 北京：清华大学出版社，2017.